Barn
i svårigheter

– en pedagogisk utmaning

CLAES NILHOLM

Studentlitteratur

Denna trycksak är miljöanpassad, både när det gäller papper och tryckprocess.

Art.nr 35991
ISBN 978-91-44-07944-8
Upplaga 1:2

www.studentlitteratur.se
Studentlitteratur AB, Lund

Omslagslayout: Francisco Ortega
Omslagsbild: Irina_QQQ/Shutterstock.com

Printed by Eurographic Danmark A/S, Denmark 2014

INNEHÅLL

FÖRORD

Boken du har framför dig handlar om förskolans och skolans arbete med barn och elever i svårigheter av olika slag. Det kan till exempel vara elever som halkar efter i olika ämnen, barn med en försenad språkutveckling eller barn och elever som inte trivs eller som upplevs störande och/eller inte passar in i miljön. En del av de barn och elever boken handlar om har olika funktionsnedsättningar. Ett genomgående tema i boken är att dessa barn och elever ska betraktas som pedagogiska utmaningar. Traditionellt har barns och elevers svårigheter setts som orsakade av deras egna tillkortakommanden och/eller hemmiljöns brister. Utan att förneka att barn och elever har olika förutsättningar menar jag i boken att skola och förskola alltför sällan ser sina möjligheter att både förebygga att barn och elever hamnar i svårigheter och förändra sitt arbetssätt när barn och elever är i svårigheter. Bokens titel bär budskapet om att barns och elevers svårigheter ska ses som utmaningar för lärare och andra i verksamheten. Även om boken har ett tydligt budskap ska den inte läsas som en debattbok om skolan, utan den grundar sig på en avsevärd mängd forskning som visar att vad utbildningssystemet gör för barn och elever i svårigheter och vad man förväntar sig av dem har stor betydelse för hur de lyckas (se t.ex. Hattie, 2008, Mitchell, 2007). Vidare har en stor del av de ställningstaganden som görs i boken vad gäller hur och var dessa barn och elever ska undervisas stöd i gällande styrdokument och i forskning. Men det går förstås inte att skriva en bok om ett sådant här ämne utan att göra personliga ställningstaganden, och jag försöker vara så tydlig som möjligt med mina egna utgångspunkter.

Forskningen visar alltså tydligt att vad förskola och skola gör har stor betydelse för barn och elever i svårigheter. I dag är det alltför enkelt att peka ut barn och elever som bristfälliga på olika sätt medan det är svårare att ompröva förskolans och skolans sätt att fungera. I en annan bok jag skrivit menar jag att arbetet med svårigheter i förskola och skola kännetecknas av en rad dilemman (Nilholm, 2007). Dilemman skiljer sig från problem såtillvida att de inte har någon egentlig lösning. Det kanske mest grundläggande dilemmat är det mellan likhet och olikhet. Ska barn och elever i svårigheter av olika slag ses som lika eller olika andra? Om vi bara betonar likheten riskerar vi att missa att vissa barn och elever behöver mer stöd. Om vi bara betonar olikheten riskerar vi att skapa särskilda arter av barn och elever. En sådan samarts- och särartsdiskussion känner vi igen från till exempel genusforskningen. Man kan läsa denna bok som ett uttryck för mitt sätt att se på hur förskola och skola kan förhålla sig till sådana grundläggande dilemman.

Ett annat val är att jag försöker täcka in området på egen hand. Ett alternativ hade varit att redigera en antologi med olika författare som bidrar med olika delar. Fördelen med att skriva själv är att tankar och ställningstaganden som görs i boken hänger ihop. Nackdelen är att det är svårt att fullt ut behärska alla de områden som boken rör sig över. För att något säkerställa att jag behandlat bokens olika områden på ett rimligt sätt har jag bett om hjälp från ett flertal läsare. Jag vill tacka Stefan Billinger, Reidun Carlsson, Åsa Hirsh, Kerstin Göransson, Gunilla Lindqvist, Päivi Fredäng, Johan Malmqvist, Siv Nyström, Lena Pettersson, Stephan Rapp, Cristina Robertson, Ulla Runesson, Gun Sand, Mikael Segolsson, Ann-Katrine Swärd, Anita Welin och personal vid Junedalsskolan i Jönköping för synpunkter på delar av eller på hela manuskriptet. Ansvaret för innehållet i boken är förstås ändå mitt eget.

Boken kan läsas av alla verksamma i förskola och skola. Behållningen ökar om den läses under handledning av någon som redan är insatt i området. Den är också till för att användas inom lärarutbildningen. Även här underlättas förstås läsningen med kunniga vägledare.

Jag har forskat om framför allt grundskolans arbete med elever i svårigheter i snart tio år. Mitt engagemang drivs av en önskan om att även barn och elever i svårigheter ska få positiva erfarenheter av förskola och skola. Därför blev jag bekymrad av en reaktion jag fick från en av de personer som läste boken i förhand. Till saken hör att alla övriga läsare var som jag uppfattade det i huvudsak positiva och ibland mycket positiva till boken.

Kanske är det typiskt att man hänger upp sig på den enda som är kritisk? Denna läsare menade att det finns en risk att boken kan skapa handlingsförlamning, att den leder till för mycket reflektion och att saker och ting skulle kunna framställas som mycket enklare. Det vore förstås hemskt om boken leder till handlingsförlamning. Men det är min övertygelse att detta är komplexa frågor som kräver reflektion. Genom att ta sig tid att tänka igenom de frågor som diskuteras i boken tror jag att en bra grund kan läggas för den goda pedagogiska handlingen. För det är den allting handlar om. Och betydelsen av den kan inte överskattas, vilket framgår av följande poem skrivet av en elev med en så kallad "neuropsykiatrisk" diagnos (från Nilholm & Alm, 2010b):

Mitt hjärta frös och jag kände mig nästan alltid ensam
När jag gick i språkis
Före den här skolan
Var jag nästan alltid ensam

Jag gillar att jobba med andra
När jag får arbeta med Jens och Lena och de andra
Då skrattar mitt hjärta och blir varmt
För vi talar så bra med varandra
Vi hjälper varandra på något sätt
Och vi vet olika saker och vi lurar fram det braiga hos varandra

Det krävs ingen större inlevelse för att förstå hur det kändes att gå till en skola där bara ensamhet erbjöds. Och hur fantastisk kontrasten blir att vakna på morgonen och gå till en skola där gemenskap och lärande väntar. Detta borde vara alla barns och elevers rättighet och så länge utbildningssystemet inte kan svara mot denna grundläggande rättighet kan vi aldrig vara nöjda.

Linköping i januari 2012

Claes Nilholm

KAPITEL 1

Den pedagogiska utmaningen

Lärare har ett ansvar att sätta sig in i frågor som rör barn/elever i svårigheter och att formulera för sig själva och sina kolleger hur de ser på arbetet med denna grupp. Med barn och elever i svårigheter avses de barn och elever som behöver ett särskilt stöd i förskola och skola.[1] Ett sådant stöd kan behövas för att barnet/eleven ska kunna nå verksamhetens mål vad gäller kunskaper och färdigheter eller för att barnet/eleven över huvud taget ska kunna fungera i förskolan/skolan. I den här boken diskuterar jag frågor som är betydelsefulla när det gäller förskolans och skolans arbete med barn/elever i svårigheter. Är detta arbete viktigt? Vilken målsättning ska arbetet ha? Hur ska lärare kunna undervisa och möta dessa barn/elever på bästa sätt? Jag tycker själv att arbetet med barn/elever som av olika skäl befinner sig i svårigheter är en av förskolans och skolans absolut viktigaste uppgifter. Alla barn i förskolan och elever i skolan är förstås viktiga. Som vi vet finns det dock en mindre del som inte finner sig tillrätta i miljön, det vill säga de trivs inte och/eller känner sig omotiverade, och av elever i skolan är det många som inte heller når målen. Att tillbringa över tio år, ibland mer än femton år, av sitt liv i miljöer där man inte trivs och där man misslyckas på olika sätt är ju närmast förödande. Detta är som jag ser det den viktigaste anledningen till att bokens område är betydelsefullt. Vi kan inte acceptera att förskola och/eller skola blir en negativ erfarenhet för barn och elever.

Det finns en uppenbar risk att en fokusering på barns/elevers problem innebär att betydelsen av pedagogiskt arbete som gör att problem förebyggs

1 En del av dessa elever har också stöd av barnhabiliteringen (se Åman, 2006).

underskattas. Ibland diskuteras skolors arbete i termer av proaktiva och reaktiva verksamhetskulturer (se t.ex. Lundgren & Persson, 2003). I den proaktiva kulturen strävas efter att hindra att problem uppstår, medan man i en reaktiv kultur agerar då problemsituationen redan har uppkommit. I den här boken betonas betydelsen av förebyggande, det vill säga proaktivt, arbete. Att det förebyggande arbetet är viktigt innebär också att arbetet med svårigheter berör alla som är verksamma inom förskolan och skolan. Eftersom det är så vanligt att utgångspunkten är att svårigheter redan finns, ska jag redan inledningsvis ägna ett avsnitt åt sådant arbete som kan innebära att problem inte uppstår eller åtminstone blir mindre omfattande. Bokens tema är att barn och elever i svårigheter är en utmaning för läraren. En minst lika stor utmaning är att med förebyggande arbete se till att barn och elever inte hamnar i svårigheter.

Förebyggande arbete

I detta sammanhang kan förebyggande arbete definieras som skolverksamhet och verksamhet i förskolan som är till för att svårigheter inte ska uppstå. En sådan bred definition innebär att mycket av arbetet i förskolan och skolan kan sägas vara förebyggande. Till exempel syftar den vanliga undervisningen till att eleverna ska nå skolans mål och när denna undervisning lyckas innebär det att färre elever hamnar i svårigheter. Också inom förskolan finns möjligheter att förebygga barns svårigheter så att de som elever inte hamnar i svårigheter i grundskolan (Björck-Åkesson, 2007, Göransson, 2011). Det förebyggande arbetet är alltså en del av alla lärares arbete och därför angår det specialpedagogiska området alla lärare. Det är viktigt att skilja på två typer av förebyggande arbete. Å ena sidan kan med förebyggande arbete menas att alla elever ska erbjudas goda möjligheter genom att verksamheten i förskola och skola håller hög kvalité. Inom ramen för en verksamhet som ser till alla barns och elevers behov är det förstås viktigt att se att barn och elever är olika. Sådana olikheter hanteras då inom ramen för den ordinarie verksamheten. Förebyggande arbete blir här liktydigt med att verksamheten håller hög kvalité och stödjer barn och elever som skulle kunna vara i riskzonen för att hamna i svårigheter på ett icke-utpekande sätt. Det är denna definition av förebyggande arbete som jag använder mig av i denna bok. Ett annat sätt att se på förebyggande arbete är att lärare och andra tidigt ska upptäcka vad som uppfattas som brister hos barn för att kunna åtgärda dessa och undvika att de utvecklas till ännu större problem. Till exempel argumenteras det ibland för att det är viktigt att kartlägga förekomst av AD/HD och språksvårigheter i förskolan för att åtgärder ska kunna sättas in tidigt. Det innebär att tester genomförs för att kunna identifiera de barn som har problem eller riskerar att få problem inom ett utvecklingsområde (till exempel språklig utveckling). Jag menar dock att detta är ett mer åtgärdande arbete eftersom en störning redan diagnostiserats. Risken med ett sådant synsätt på förebyggande arbete är att barn tidigt kategoriseras som avvikande från andra barn. En fördel kan vara att barnets svårigheter synliggörs och att adekvata åtgärder kan vidtas. Att hitta en balans mellan att se barn och elever som lika eller olika är betydelsefullt. Det jag menar är betydelsefullt i ett förebyggande arbete är att se till barns och elevers olika behov men på ett sätt som inte pekar ut dem som annorlunda. Olikhet hanteras alltså inom ramen för att barn i huvudsak är lika.

Ett exempel kan belysa betydelsen av förebyggande arbete. Forskningen visar att förmågan att avkoda skrivet språk och att uppnå läsflyt är starkt beroende av de erfarenheter som barn tillåts göra inom området. Vi vet också att de erfarenheter som olika barn erbjuds i hemmiljö, förskola och skola kan se väldigt olika ut. Ett förebyggande arbete syftar till att alla barn tidigt ska förberedas så att de uppnår de läsmål som formulerats i kursplanerna. Det finns flera olika arbetssätt som kan användas redan i förskolan för att förbereda för detta (Liberg, 2006). Om sedan det förebyggande arbetet fortsätter genom att läs- och skrivundervisningen i skolan håller en hög kvalité så behöver inte så många barn få läs- och skrivsvårigheter. De barn som trots en didaktiskt väl genomförd undervisning får svårigheter behöver förstås få ett extra stöd. Åter vill jag då betona att andelen elever som behöver ett extra stöd blir mindre om alla elever från början ges goda möjligheter att lära.

Forskningen visar att förskolan och skolan ofta lägger orsaken till svårigheter hos barnen och eleverna eller deras hemmiljö (se till exempel Lindqvist et al, 2011, Persson, 1998a, 1998b, Skrtic, 1991, 1995). Ett systemperspektiv där barns och elevers svårigheter analyseras som en relation mellan individen och den omgivande miljön (se Björck-Åkesson & Nilholm, 2007) lyser ofta med sin frånvaro. Den elev som inte mött ett gott förebyggande arbete i form av att få närma sig skriftspråket i förskolan och att erhålla en didaktiskt välfungerande undervisning och/eller inte får rätt stöd när svårigheter uppstår, kommer att få bestående svårigheter. Sådana svårigheter kan så småningom komma att uppfattas som en del av eleven, t.ex. i form av en dyslexidiagnos, när det i själva verket är förskolan och skolan som inte lyckats med sin uppgift (Vellutino m.fl., 2004).

Nu är det ju så att barns och elevers förmågor och hemmiljö också har betydelse för hur situationen i förskola och skola kommer att gestalta sig. En del elever har funktionsnedsättningar, till exempel i form av hörsel- eller synnedsättning eller koncentrationssvårigheter. En del har en intellektuell funktionsnedsättning och andra ett rörelsehinder. En del har flera olika funktionsnedsättningar. Några kommer från uppväxtmiljöer som lämnar mycket att önska. Samtidigt vet vi ganska lite om i vilken utsträckning det är möjligt att få alla elever att lyckas i skolan. En faktor som jag diskuterar längre fram är lärarens betydelse för elevers skolgång. Länge har man inom forskningen om elevers skolsvårigheter pekat på betydelsen av just lärarens och lärarlagets arbete.

Bokens disposition

Boken är en introduktion till arbetet med barn och elever i svårigheter eller i risk för att hamna i svårigheter i förskola och skola. Syftet är att diskutera frågor som är grundläggande för detta arbete. Avslutningsvis i varje kapitel problematiserar, utvecklar och/eller teoretiserar jag under rubriken Exkurs[2] den bild som presenterats.

I bokens andra kapitel, *Utbildningens mål*, presenteras och analyseras målen för förskolans och skolans arbete. Eftersom målen är helt avgörande för vad förskolan och skolan ska arbeta med är det förstås oerhört betydelsefullt att lärare och andra grupper i förskola och skola är väl förtrogna med målen i styrdokumenten och förmår att kritiskt diskutera dem. Är det rätt mål? Hur gör den lärare som tycker att verksamheten ska ha andra mål än de som föreskrivs? Är det rätt att arbeta mot andra mål än de som

2 Exkurs betecknar ursprungligen en specialundersökning inom ramen för en akademisk avhandling, där något utreds som inte ryms inom ramen för avhandlingen. Här används begreppet något friare.

föreskrivs? Ett speciellt fokus ägnas de riktlinjer som i styrdokumenten slås fast för förskolans och skolans arbete med elever i behov av särskilt stöd. I kapitlet diskuteras också mål utifrån andra utgångspunkter än vad som fokuseras i styrdokumenten. Vad säger Dewey om målen för skolan? Vad innebär det att ha inkludering som mål? Finns det en ensidig fokusering på utbildningsresultat i dagens svenska skola? I det avslutande avsnittet Exkurs diskuteras den grundläggande frågan om vem som ska ha makten att formulera målen för förskola och skola.

I bokens tredje kapitel, *Det kompensatoriska uppdraget*, diskuterar jag uppdraget att kompensera för olika förutsättningar. Barn och elever kommer till förskolan och skolan med olika förutsättningar. En del barn har ett ganska utvecklat språk redan i treårsåldern medan det för andra tar lång tid innan de tar till orda över huvud taget. En del elever har inga problem att sitta stilla och läsa längre stycken redan i första klass, medan andra har svårt att koncentrera sig. En del kanske precis har börjat förstå hur det talade språket förhåller sig till det skrivna. Vad ska målet för det kompensatoriska arbetet vara? Ska alla finna sin egenart och vad är i så fall det? Ska alla elever ha samma möjligheter när de gått ut grundskolan? Eller ska vikten av att varje individ ges möjligheter att utveckla sina talanger och intressen betonas?

I bokens fjärde kapitel, *Vems är problemet?*, analyserar jag det som egentligen är den så kallade knäckfrågan i hela det fält som denna bok behandlar, *varför* vissa barn och elever hamnar i svårigheter. Ett annat sätt att närma sig frågan är genom att försöka precisera *vad som utgör problemet*. I kapitlet beskrivs skolans tradition att individualisera svårigheter, det vill säga problemen förklaras av brister hos barnet/eleven och/eller i dennes hemmiljö. Då blir det också naturligt att sätta in åtgärder för att förändra den enskilda eleven. I kapitlet ställs detta traditionella synsätt mot ett synsätt där barns och elevers svårigheter ses i relation till hela miljön i förskolan och skolan. Det innebär att åtgärder kan sättas in på olika nivåer för att hjälpa barn och elever, till exempel kan lärares arbetssätt och/eller klimatet i gruppen/klassen också behöva förändras.

I bokens femte kapitel, *Lärararbetet och vetenskapen*, diskuterar jag arbetet med barn och elever i svårigheter och inte minst vad det kan innebära att läraren ska arbeta utifrån vetenskaplig grund och beprövad erfarenhet. Vilken nytta kan lärare ha av forskningen? Jag argumenterar för att lärare bör ha kännedom om de metoder och arbetssätt som visat sig ge goda resultat i vetenskapliga studier av utvärderingskaraktär, men varnar också för att överföringen av sådana metoder och arbetssätt till den egna situationen kräver noggranna överväganden. I kapitlet diskuteras också andra sätt att minska avståndet mellan forskning och praktik. Frågor som behandlas är: Hur kan lärare förhålla sig till studier med kvalitativa data? Kan förskola och skola utvecklas genom samtal mellan forskare och lärare? Ska lärare bli delaktiga i själva forskningsprocessen? Kan arbete utifrån en vetenskaplig grund innebära att en ökad grad av reflektion genomsyrar lärarens arbete?

Med tanke på den mängd forskningsresultat som finns, att resultaten inte sällan är motsägelsefulla och att studierna sällan tar hela det pedagogiska arbetets komplexitet i beaktande blir det inte någon enkel uppgift för en lärare att basera sin verksamhet på forskning. Jag diskuterar i slutet av kapitlet en typ av forskning som jag tror skulle kunna vara mycket användbar för verksamma lärare. Utgångspunkten är att forskning bör ta avstamp i den situation läraren befinner sig i och ta hänsyn till de mål läraren ska sträva efter. Jag tar mig också friheten i slutet av det femte kapitlet att diskutera hur förskola och skola ska genomföra sitt arbete med elever i svårigheter/i riskzonen för att hamna i svårigheter. Hur arbetet med dessa barn och elever ser ut är förstås avhängigt de svar som getts på de frågor som diskuterats i de tidigare kapitlen: Tycker man att arbetet är betydelsefullt? Vilken syn har man på gruppen? I kapitlet argumenteras för betydelsen av att arbetet med elevgruppen inte blir en privatsak utan något som genomsyrar hela förskolans och skolans arbete. Därför är det förstås avgörande hur ledningen för förskolan och skolan betraktar dessa frågor. Samtidigt är det framför allt i den konkreta förskole- och skolmiljön som barns och elevers situation kan förändras.

I det sjätte och avslutande kapitlet, *Makten över undervisningen,* fokuseras makten över skolan och begrepp som normalitet och motstånd. Eftersom en hel del av forskningen inom området använder begrepp som makt, normalitet och motstånd kan det vara på sin plats att syna dem lite närmare. Frågor som diskuteras i detta avslutande avsnitt är t.ex: Vad är makt? Har läraren makt? Vad har barn och elever för möjlighet till inflytande och motstånd? Vad menas med normalitet? Jag skiljer på legitim makt och illegitim makt, det vill säga sådan makt som läraren *ska* utöva enligt lagar och förordningar och sådant maktutövande som är mer tveksamt. Jag analyserar också hur läraren är invävd i ett nätverk av maktprocesser, vilket gör att frågan om lärares makt blir ganska komplex att besvara.

På vilket sätt hänger då bokens olika delar samman? Boken börjar med de mest grundläggande frågorna: Vilka ska målen för verksamheten vara? Hur ska förskolan och skolan hantera det faktum att barn och elever har olika förutsättningar? Utan en sådan analys av förskolans och skolans grundläggande uppgifter famlar man i mörker. Därefter diskuteras ytterligare en grundläggande fråga som handlar om förklaringar av barns och elevers svårigheter. Huruvida svårigheterna förläggs till individen eller om de ses som något som uppstår i relationen mellan individ och miljö får avgörande konsekvenser för hur arbetet med svårigheterna gestaltas. Det femte kapitlet handlar just om den frågan: Hur ska man arbeta med barn och elever i svårigheter? Eftersom det i skollagen (SFS 2010:800) framgår att lärares arbete ska vila på vetenskap och beprövad erfarenhet behandlar bokens längsta kapitel frågan vad detta kan innebära framför allt i relation till arbetet med barn och elever i svårigheter. Varje lärare måste alltså kunna svara för hur det egna arbetet speglar vetenskap och beprövad erfarenhet och kapitel 5 är ägnat åt att reda ut denna mycket komplicerade frågeställning. Det avslutande kapitlet handlar om makt- och identitetsfrågor och där diskuteras begrepp som normalitet, avvikelse, makt och motstånd. Kapitlet samlar upp och tydliggör teman som finns i de tidigare kapitlen.

Boken syftar inte till att ge en historisk bakgrund till arbetet med elever i svårigheter i dagens skola. För den som är intresserad av denna bakgrund finns det flera texter att tillgå (t.ex. Ahlström, Emanuelsson & Wallin, 1986, Egelund, Haug & Persson, 2006, Eriksson Gustavsson, Göransson & Nilholm, 2011a, Stukát, 2005; se Fischbein, 2007, för ett historiskt perspektiv på specialpedagogik som akademiskt område). I kapitel 2 ges dock en kortare beskrivning av hur arbetet med elever i svårigheter sett ut tidigare i skolan.

I boken betonar jag betydelsen av personliga ställningstaganden i arbetet med barn och elever i svårigheter. I stället för att se barns och elevers svårigheter som primärt orsakade av deras egna tillkortakommanden och/eller deras hemförhållanden så argumenterar jag för att barn och elever i svårigheter ska ses som pedagogiska utmaningar som kan bli en drivkraft i lärares och skolors kompetensutveckling. Det gäller alltså att undvika den ”biologiska” fällan att se barns och elevers förmåga som förutbestämd av deras inneboende förutsättningar respektive den ”utbildningssociologiska” fällan att se elever som ett resultat av sina hemförhållanden. Förmodligen är det i mötet med barn och elever som har svårt att koncentrera sig i förskolan och skolan och/eller som inte på ett ”naturligt” sätt passar in i kamratgruppen och/eller som har svårt att hänga med i utvecklingen och lärandet som de största pedagogiska utmaningarna står att finna. *Det handlar inte bara om att utmana barn och elever utan också om att utmana sig själv.*

KAPITEL 2

Utbildningens mål

Utbildningens viktigaste frågor ställs inom den pedagogiska filosofin.[1] Inom pedagogisk filosofi diskuteras själva meningen med utbildningen. Men, invänder kanske någon, målen med utbildningen framgår väl av skollag och läroplaner? Ja, det är förstås riktigt. Men de mål som formuleras i läroplaner och andra styrdokument ses i den pedagogiska filosofin som *ett* sätt att besvara frågan om utbildningens mening. Inom ramen för pedagogisk filosofi tar man sig friheten att fritt diskutera och teoretisera om utbildningars mål och mening.[2] Bör utbildningen vara till för elevens självförverkligande? Eller för att samhället ska få dugliga medborgare? Eller för att stärka det egna landets konkurrenskraft genom att tillhandahålla välutbildad arbetskraft?

Jag diskuterar inledningsvis i kapitlet John Deweys syn på utbildningens mening eftersom Dewey haft ett stort inflytande över tänkande kring utbildning i västerlandet. Han brukar ses som den så kallade progressiva

1 Det är således positivt att kunna konstatera att intresset för pedagogisk filosofi är tilltagande (se temanummer Utbildning & demokrati, 2006, och Englunds inledning i samma nummer).

2 Detta kapitel ska inte läsas som en introduktion till pedagogisk filosofi (för en sådan introduktion, se t.ex. Blake m.fl., 2003) utan som en personligt hållen diskussion om några aspekter av pedagogisk filosofi i relation till bokens tema (barn och elever i svårigheter) och det svenska utbildningssystemet. Pedagogisk filosofi är ett stort fält med många viktiga diskussioner och jag gör absolut inte anspråk på att ha överblick över området. Blake m.fl. använder begreppet 'philosophy of education' medan man på svenska oftast använder de språkligt mer otympliga konstruktionerna pedagogisk filosofi eller filosofisk pedagogik. Eftersom mitt fokus är pedagogik mer än filosofi väljer jag begreppet pedagogisk filosofi.

pedagogikens främste företrädare. I den progressiva pedagogiken är en viktig utgångspunkt att lärandet måste vara meningsfullt för barnet och eleven. Ett skäl till att lyfta fram Dewey är att han delvis erbjuder en kontrast till tankarna kring dagens svenska målstyrda skola. Därefter presenterar jag innehållet i de viktigaste styrdokumenten för att belysa vilka mål som ska vägleda verksamma lärare i den svenska förskolan och skolan. Sedan diskuterar jag i tur och ordning två helt olika synsätt på vad förskolan och skolan ska syfta till: inkludering respektive förbättrade resultat.

Inkludering handlar om att förskolan och skolan ska undvika särlösningar och att alla barn och elever har rätt att känna delaktighet både socialt och i sitt lärande. Strävan efter bättre resultat å andra sidan tar sig uttryck i den så kallade ”resultatdiskursen” vilken innebär att framför allt skolan diskuteras, utvärderas och beforskas som om kunskapsmålen var skolans enda mål. Jag diskuterar i samband med detta också hur idén om inkludering respektive resultatdiskursen förhåller sig till de mål som beslutats för den svenska skolan. Diskurs är ett begrepp som definieras på lite olika sätt. I det här sammanhanget syftar jag på det som sägs och skrivs om skolan utifrån antagandet att skolan endast handlar om resultat.

Kapitlet kan således sägas beröra fyra olika förslag på vad meningen med utbildning är: 1) Deweys mening, 2) den mening som uttrycks i styrdokumenten 3) idén om inkludering samt 4) i resultatdiskursen. Den mängd åsikter som finns om vad förskola och skola ska syfta till gör det förstås betydelsefullt att diskutera och försöka utreda vem som egentligen ska bestämma över skolan. I kapitlets avslutande Exkurs diskuteras denna helt avgörande fråga. Vad gäller Deweys syn på meningen med utbildning kan jag självklart inte gå in på djupet av hans komplexa tänkande på detta begränsade utrymme.

Deweys kritik av att formulera mål på förhand

I dagens svenska förskola och skola talar vi kanske snarare om mål för verksamheten än meningen med verksamheten (se Segolsson, 2011, angående begreppens olika rötter). Ofta framställs förekomsten av tydliga mål som formulerats på förhand som någonting positivt. Lärare, barn och elever vet vad de ska sträva mot. Ett annat sätt att se på mål är att se själva formuleringen av färdigformulerade mål som en form av kränkning av barns lärandeprocesser. Den i historiskt hänseende kanske mest inflytelserike pedagogen någonsin, John Dewey, varnar i sitt mest kända verk *Demokrati och utbildning* (1916/1997) för en utbildning som står i tjänst under mål som formuleras på förhand:

> Bristerna hos mål som införs utifrån har djupa rötter. Lärarna får dem från överordnade auktoriteter som uppfångar dem från olika strömningar i samhället. Lärarna påtvingar barnen dem. Den första konsekvensen är att lärarens intelligens blir ofri. Den begränsas till de mål som åläggs honom uppifrån. Alltför sällan är den enskilde läraren så fri från föreskrifter, från auktoritära inspektörer, metodböcker, läroplaner etc. att hans eget sinne kan komma i närmare kontakt med elevens sinne och med lärostoffet (Dewey, s. 150).

Dewey menade att mål som kommer utifrån lätt leder till en förmedlingspedagogik där färdigformulerad kunskap ska överföras till eleverna. Inte minst varnade han för att mål som sträcker sig långt utanför barnens intressen leder till motivationsproblem. Olika strategier som att motivera med betyg, framtida möjligheter eller att "sockra" innehållet och på så sätt "lura i" barnet kunskapen får då ersätta det intresse som Dewey menar är helt centralt för lärandeprocessen. Det är i detta sammanhang vi kan förstå Deweys synpunkt att utbildning inte ska ses som ett medel utan är ett mål i sig, ett uttalande som sällan görs i dagens utbildningsdebatt. Det är också tydligt att en förutsättning för Deweys resonemang är att det finns tillgång på välutbildade och självständigt tänkande lärare som är villiga att ta ett stort ansvar.

I idén att utbildning är ett mål i sig ligger också föreställningen att utbildning kan leda till det oväntade och att det är viktigt att den ger en beredskap för nyskapande och förmåga att hantera oväntade omständigheter eftersom detta är en del av det mänskliga livet självt. Segolsson (2011) argumenterar på ett liknande sätt som Dewey för att utbildning, om den ska innehålla moment av bildning, bör utgå från att lärande inte i huvudsak innebär ett återskapande av ett givet kunskapsinnehåll. I stället betonade Dewey att utbildningen måste ha en förankring hos och involvera en förändring av den lärande. Detta betyder förstås inte att han menade att utbildning inte ska ha en inriktning men han varnade som sagt för möjligheten att utbildningens meningsfullhet ska kunna avgöras på förhand. Dewey betonar elevers rättigheter att i en social gemenskap få växa utifrån sina intressen.

Deweys synsätt är tänkvärt men har också sina problem. Om elevernas intressen betonas alltför mycket finns förstås risken att de inte tillägnar sig kunskap som är viktig men som ligger vid sidan av deras intressen. Denna spänning mellan att alla elever ska tillägna sig samma saker eller att varje elev ska utvecklas utifrån, eller till, sin särart finns i varje skolsystem. Ska eleverna bli lika eller ska de förbli olika? Exempelvis Säfström (2005) argumenterar för en undervisning som är ”en livsform som bejakar rätten att träda fram som unik” (von Wright, 2005, s. 156). Som framgår i nästa avsnitt så formuleras å andra sidan till stora delar gemensamma mål i dagens styrdokument vad gäller de kunskaper som ska erhållas men också delvis när det gäller vilka personer eleverna ska utvecklas till. Till skillnad från Deweys synsätt läggs stor vikt vid färdigformulerade mål och till skillnad från Säfström lyfts det gemensamma fram.

Mål och riktlinjer i styrdokumenten

Alla blivande lärare och all verksam personal i förskolan och skolan måste förstås känna till målen för verksamheten (SFS 2010:800 2 kapitel 34 §). Det är dock inte en alldeles enkel uppgift att ur olika styrdokument vaska fram vad som gäller. I skollagen formuleras generella mål för utbildningsväsendet. Hur de generella målen och riktlinjerna för utbildningsväsendet är formulerade visar på ambitionsnivån när det gäller vad alla barn och elever ska och måste uppnå. Det finns också generella mål och riktlinjer för arbetet med barn och elever som möter svårigheter i förskolan och skolan. I både den gamla skollagen (SFS 1985:1100) och den skollag (SFS 2010:800) som gäller från och med 1 juli 2011 anges tydligt att elever i behov av särskilt stöd har rätt till ett sådant stöd. Det finns heller inget politiskt parti som vill ta bort denna rättighet, utan det torde råda en samstämmighet om att det är viktigt att stödja elever som inte når målen. Det finns också en lång tradition av att satsa mer resurser på barn och elever i svårigheter även om det särskilda stödet inte alltid hamnar hos de elever som har störst behov (Skolverket, 2009). Ändå visar skrivningarna i styrdokumenten och de extra ekonomiska åtaganden som görs för barn och elever i svårigheter att samhället menar att detta är ett viktigt område. Detta är också en av utgångspunkterna för utredningar och annan lagstiftning.

Det är alltså ingen enkel uppgift att välja ut de delar av styrdokumenten som är mest betydelsefulla för arbetet i förskola och skola i allmänhet och för arbetet med barn och elever i svårigheter i synnerhet. Tonvikten i genomgången av mål i styrdokumenten läggs på skollagen eftersom det är det mest grundläggande dokumentet. Först presenterar och diskuterar jag framför allt 1 kapitel 4 § av skollagen som uttrycker själva syftet med utbildningen. Sedan presenterar och kommenterar jag de mål och riktlinjer för arbetet med barn och elever i svårigheter som återfinns i skollagens kapitel 3.

Därefter presenterar jag översiktligt målen i läroplanerna. Sedan 2011 finns det separata läroplaner för grundskolan, särskolan, sameskolan, specialskolan, förskolan och de frivilliga skolformerna (gymnasieskolan, gymnasiesärskolan, komvux och särvux). Eftersom de förra fyra läroplanerna till stora delar har ett liknande innehåll behandlas de i ett avsnitt medan förskolans och de frivilliga skolformernas läroplaner behandlas i varsitt avsnitt. Andra styrdokument såsom till exempel förordningar och föreskrifter tas inte upp här.

Mål i skollagen för alla barn/elever i skolväsendet

Den pedagogiska filosofin bör vara pedagogikens hjärta. I pedagogisk filosofi sysslar man, som tidigare nämnts, med de övergripande målen för socialisation och utbildning, alltså med själva *meningen* med dessa aktiviteter. Egentligen är det då självklart att sådana frågor måste vara helt centrala för den pedagogiska vetenskapen. Därför blir det också viktigt att närmare syna de mål som formulerats för alla elever/barn i skolväsendet. Dessa mål framgår av 1 kapitel 4 § i skollagen:

> Utbildningen inom skolväsendet syftar till att barn och elever ska inhämta och utveckla kunskaper och värden. Den ska främja alla barns och elevers utveckling och lärande samt en livslång lust att lära. Utbildningen ska också förmedla och förankra respekt för de mänskliga rättigheterna och de grundläggande demokratiska värderingar som det svenska samhället vilar på.
>
> I utbildningen ska hänsyn tas till barns och elevers olika behov. Barn och elever ska ges stöd och stimulans så att de utvecklas så långt som möjligt. En

> strävan ska vara att uppväga skillnader i barnens och elevernas förutsättningar att tillgodogöra sig utbildningen.
>
> Utbildningen syftar också till att i samarbete med hemmen främja barns och elevers allsidiga personliga utveckling till aktiva, kreativa, kompetenta och ansvarskännande individer och medborgare.

Det kan vara rimligt att påstå att fyra grundläggande uppdrag lyfts fram i denna text:

1. ett kunskapsuppdrag (se t.ex. Skolverket, 2009b)
2. ett uppdrag som handlar om fostran till och kunskap om demokrati, rättigheter och medborgarskap (se t.ex. Skolverket, 2010)
3. ett uppdrag som handlar om att fokusera elevers olikheter, att kompensera för skillnader och att uppmärksamma alla barns rätt att lära och utvecklas
4. ett uppdrag som riktar sig mot att personliga egenskaper utvecklas (t.ex. lust att lära, aktivitet, kreativitet och kompetens).

Det finns förstås lite olika infallsvinklar på vilka och hur många olika uppdrag som kan urskiljas i texten. Dock framstår samarbetet med hemmen mer som ett medel snarare än som ett mål i sig. Det framgår vidare av skollagens 9–11 § att utbildningen ska vara likvärdig och att hänsyn ska tas till barnets bästa.

Skollagen och arbetet med elever i behov av särskilt stöd

Ovan visar jag på de mål i skollagen som gäller alla barn och elever i skolväsendet, alltså också inom förskolan. Kapitel 3 i den nya skollagen handlar om barns och elevers utveckling mot målen och här står också en hel del om vilka åtgärder som ska vidtagas när elever är i riskzonen för att inte nå målen. Åtgärderna vad gäller särskilt stöd gäller för hela skolväsendet förutom förskolan, kommunal vuxenutbildning, särskild utbildning för vuxna och utbildning i svenska för invandrare. 3 kapitel 7 § i skollagen lyder:

> Särskilt stöd får ges i stället för den undervisning eleven annars skulle ha deltagit i eller som komplement till denna. Det särskilda stödet ska ges

inom den elevgrupp som eleven tillhör om inte annat följer av denna lag eller annan författning.

Det är svårt att tolka den första meningen i citatet annat än som en bred definition av vad särskilt stöd kan vara och att det innefattar stöd som ges inom klassrummets ramar, t.ex. i form av extra uppmärksamhet som möjliggörs på grund av att assistenter anställts eller genom en ökad lärartäthet i klassrummet. Vidare förefaller specialpedagogers och speciallärares handledning av elever också kunna vara en form för särskilt stöd. Däremot är det kanske mer tveksamt hur man ska se på handledning av lärarlag eller en enskild lärare.

Undantag från regeln att stödet ska ges i den ordinarie elevgruppen finns i 3 kapitel 11 §:

> Om det finns särskilda skäl, får ett beslut enligt 9 § (om särskilt stöd/CN) för en elev i grundskolan, grundsärskolan, specialskolan eller sameskolan innebära att särskilt stöd ska ges enskilt eller i en annan undervisningsgrupp (särskild undervisningsgrupp) än den som eleven normalt hör till.

Att specialpedagoger och speciallärare arbetar enskilt med elever är inte alls ovanligt (Nilholm m.fl., 2007) men det framgår inte av lagstiftningen vilka särskilda skäl som krävs för detta. Paragrafen öppnar också för möjligheter att starta så kallade särskilda undervisningsgrupper, ett begrepp som inbegriper även det som tidigare benämndes som skoldaghem. Denna skrivning om möjlighet att placera eleven i särskild undervisningsgrupp har en stor ideologisk betydelse då den öppnar för mer permanenta särlösningar inom grundskolans och sameskolans ram och för särlösningar inom skolformer som i sig redan är särlösningar, något som skulle kunna benämnas som "dubbla särlösningar". Uppenbart tycker lagstiftarna att det är betydelsefullt att skolor ges möjligheten att skapa särskilda undervisningsgrupper för vissa elever.

Enligt skollagen kan lärare, övrig skolpersonal, elever och föräldrar väcka frågan om behov av särskilt stöd om de befarar att en elev inte kommer att klara kunskapskraven. Rektor har skyldighet att tillse att elevens behov av särskilt stöd utreds skyndsamt. Även om elever uppvisar andra svårigheter ska detta utredas. Elevhälsan bör också som regel konsulteras av utredningen. Om utredningen visar ett behov av särskilt stöd ska sådant stöd ges och ett åtgärdsprogram utarbetas vilket framgår av 3 kapitel 9 § i skollagen:

> Ett åtgärdsprogram ska utarbetas för en elev som ska ges särskilt stöd. Av programmet ska det framgå vilka behoven är, hur de ska tillgodoses och hur åtgärderna ska följas upp och utvärderas. Eleven och elevens vårdnadshavare ska ges möjlighet att delta när ett åtgärdsprogram utarbetas.

Det är rektor som beslutar om åtgärdsprogrammet men denne kan i vissa fall överlåta sin beslutanderätt till andra. Stödet ska ges för att eleven ska få möjlighet att nå kunskapsmålen. Bestämmelserna i den senaste skollagen vad gäller särskilt stöd påminner om de i tidigare styrdokument. Oklarheter finns som tidigare vad gäller följande:

1. Vilka kunskapsmål ska uppnås, gäller det uppnåendemål i alla ämnen eller bara i de ämnen som krävs för gymnasiebehörighet?
2. Vilket är målet för det särskilda stödet när elever möter svårigheter som inte är relaterade till kunskapsmålen?
3. Vilka svårigheter som inte är relaterade till kunskapsmålen berättigar till stöd?

En väsentlig förändring gentemot tidigare lagstiftning är att rektor beslutar om antagning till särskild undervisningsgrupp. Tidigare har det officiellt krävts ett beslut från skolnämnd, barn- och ungdomsnämnd eller motsvarande för att placera elever i särskilda undervisningsgrupper, vilket kan tolkas som att lagstiftaren menar att inrättandet av särskild undervisningsgrupp är ett beslut som kräver noggranna överväganden. Dock har i praktiken särskilda undervisningsgrupper inrättats och elever tagits ut utan sådana beslut, vilket har lett till den nuvarande situationen där Skolverket har svårt att följa upp hur många elever som går i särskilda undervisningsgrupper.

Det särskilda stödet kan också i vissa fall ges i form av så kallad anpassad studiegång som innebär avvikelser från timplan, ämnen och/eller mål vilket framgår av 3 kapitel 12 § i skollagen:

> Om det särskilda stödet för en elev i grundskolan, grundsärskolan, specialskolan eller sameskolan inte i rimlig grad kan anpassas efter elevens behov

> och förutsättningar, får ett beslut enligt 7 § innebära avvikelser från den timplan samt de ämnen och mål som annars gäller för utbildningen (anpassad studiegång).
>
> Rektorn ansvarar för att en elev med anpassad studiegång får en utbildning som så långt det är möjligt är likvärdig med övrig utbildning i den aktuella skolformen.

Denna paragraf är intressant såtillvida att den i likhet med möjligheten att skapa särskilda undervisningsgrupper så tydligt avviker från principer som uttrycks i andra sammanhang om sammanhållna grupper och likvärdig utbildning.

Som nämndes ovan gäller inte bestämmelserna om särskilt stöd för barn i förskolan. Kapitel 8 i skollagen handlar om förskolan och där finns också bestämmelser om vilka barn i förskolan som har rätt till ett särskilt stöd. I 8 kapitel 7 § i skollagen står:

> Barn ska även i andra fall än som avses i 5 och 6 § erbjudas förskola, om de av fysiska, psykiska eller andra skäl behöver särskilt stöd i sin utveckling i form av förskola.

I 8 kapitel 9 § står vidare:

> Barn som av fysiska, psykiska eller andra skäl behöver särskilt stöd i sin utveckling ska ges det stöd som deras speciella behov kräver.
>
> Om det genom uppgifter från förskolans personal, ett barn eller ett barns vårdnadshavare eller på annat sätt framkommer att ett barn är i behov av särskilt stöd, ska förskolechefen se till att barnet ges sådant stöd. Barnets vårdnadshavare ska ges möjlighet att delta vid utformningen av de särskilda stödinsatserna.

Det är tydligt hur vag skrivningen kring särskilt stöd är. En logiskt inspirerad analys av formuleringen i 9 § visar att den uttrycker att barn som behöver särskilt stöd ska få det. Däremot säger paragrafen inget om vilka skäl det finns för att ett barn ska få särskilt stöd eftersom inga skäl utesluts i uttrycket "fysiska, psykiska eller andra skäl". Däremot kommer förstås vissa skäl att räknas när paragrafen ska tillämpas.

Som denna genomgång av skollagen visar finns det många mål för barn och elever i allmänhet i skolväsendet och också speciella föreskrifter för barn och elever i svårigheter. Vi går nu vidare till läroplanerna för de olika skolformerna för att titta närmare på vilka mål som formuleras där.

Läroplaner

De nya läroplanerna för det obligatoriska skolväsendet och de frivilliga skolformerna som gäller från och med hösten 2011 innehåller också en mängd mål. Eftersom Lgr 11 (läroplanen för grundskolan, förskoleklassen och fritidshemmet) och läroplanerna för specialskolan, sameskolan och särskolan har mycket gemensamt behandlas de i ett avsnitt följt av separata avsnitt om förskolans respektive de frivilliga skolformernas läroplaner.

LÄROPLANER FÖR GRUNDSKOLAN, SPECIALSKOLAN, SAMESKOLAN OCH SÄRSKOLAN

Grundskolans, specialskolans, sameskolans och särskolans läroplaner är till stora delar identiska. Särskolans kursplaner skiljer sig från de andra läroplanerna vad gäller kunskapsmål, speciellt för inriktning träningsskola. Gemensamt för de olika läroplanerna är ett inledande avsnitt om skolans värdegrund (ett avsnitt om grundläggande värden och speciella avsnitt om förståelse och medmänsklighet, saklighet och allsidighet, likvärdig utbildning) och skolans uppdrag.

Därefter följer ett avsnitt med övergripande mål och riktlinjer vad avser åtta områden:

1. Normer och värden
2. Kunskaper
3. Elevers ansvar och inflytande
4. Skola och hem
5. Övergång och samverkan
6. Skolan och omvärlden
7. Bedömning och betyg
8. Rektors ansvar

Dessa delar följs av kursplaner för de olika ämnena i skolformerna. I kursplanerna presenteras syftet med ämnena och deras centrala innehåll samt ett avsnitt med kunskapskrav. I läroplanen för grundskolan finns kunskapskrav för ämnena svenska, svenska som andraspråk, matematik, NO-ämnen och SO-ämnen för år 3, för samtliga ämnen utom moderna språk i slutet av år 6 och i slutet av år 9 för samtliga ämnen. Det är specificerade krav för betygsstegen A, C och E. Följande är exempel från Lgr 11 på ett krav för betyget C i matematik, musik och svenska i årskurs 6:

MA: Eleven kan välja och använda *ändamålsenliga* matematiska metoder med *relativt god anpassning* till sammanhanget för att göra *enkla* beräkningar och lösa *enkla* rutinuppgifter inom aritmetik, algebra, geometri, sannolikhet, statistik samt samband och förändring med *gott* resultat.

MU: Eleven kan, utifrån egna musikaliska idéer, skapa musik genom att med hjälp av röst, instrument eller digitala verktyg utgå från några enkla musikaliska mönster och former och pröva hur dessa kan sättas samman till en i *vissa delar fungerande* komposition.

SV: Eleven kan läsa skönlitteratur och sakprosatexter för *barn och ungdomar med gott flyt* genom att använda lässtrategier på ett *ändamålsenligt sätt*. Genom att göra *utvecklade* sammanfattningar av olika texters innehåll och kommentera centrala delar *med relativt god koppling till* sammanhanget visar eleven *god* läsförståelse. Dessutom kan eleven utifrån egna erfarenheter tolka och föra *utvecklande och relativt väl underbyggda* resonemang om tydligt framträdande budskap i olika verk samt på ett *utvecklat* sätt beskriva sin egen upplevelse av läsningen.

Det som framgår av exemplen är att kunskapskraven är relativ vaga. Speciellt är det kanske förekomsten av ospecificerade adjektiv, t.ex. ändamålsenlig, god, gott, enkla, fungerande, utvecklade och substantiv, t.ex. metoder, sammanhang, komposition, skönlitteratur som ger ett intryck av vaghet. Detta är kanske ofrånkomligt när det gäller att formulera kunskapskrav och frånvaron av mål respektive krav ger förmodligen upphov till en än större vaghet.

Ett argument för att skapa nya läroplaner har varit att målen för skolan ska bli tydligare. Detta har delvis uppnåtts men en stor del av den tidigare oklarheten kring målstrukturen kvarstår. Det är uppenbart så att en hel del mycket viktiga och som jag bedömer rimliga mål formuleras. Vad som saknas i läroplanerna är:

1 några övergripande tematiseringar av alla de olika mål som fastslås
2 att någon form av prioritering av målen tydliggörs
3 att relationer mellan målen inom ramen för läroplanen och mellan målen i skolplanen och läroplanen tydliggörs.

På så sätt skulle utvärderingsbarheten i målen kunna öka. Jag ska helt kort diskutera punkterna 1–3 i tur och ordning.

Det förefaller inte helt orimligt att hitta några teman vad gäller de övergripande mål för eleven som står i den inledande delen av läroplanerna för grundskolan, sameskolan, specialskolan och särskolan. De flesta mål låter sig sorteras in under rubrikerna:

1 *lärande*, t.ex. att eleven ska ha kvar livslång lust att lära, pröva på olika arbetssätt och arbetsformer, erhålla ämnesfördjupning och överblick/sammanhang
2 *kompetens och värden vad gäller demokrati och medborgarskap*, t.ex. respekt för de mänskliga rättigheterna, respekt för grundläggande demokratiska värderingar, kunna delta i samhällslivet
3 *socialt engagemang*, t.ex. känna solidaritet med svaga och utsatta, förståelse för andra människor, förstå och leva sig in i andras villkor och värderingar
4 *personliga dygder*, t.ex. generositet, tolerans, mångsidighet.

Poängen här är inte att göra en uttömmande analys av de teman som presenteras i den inledande delen av Lgr 11 utan att illustrera att det skulle varit enklare för lärare att använda sig av dokumentet om man tydligare ordnat målen inom ramen för några överordnade områden.

Prioriteringen av målen är förstås viktig för dem som arbetar i skolan. Olika mål förutsätter olika innehåll och arbetsformer. Men vilka mål ska prioriteras? Utöver de inledande delarna vad avser skolans värdegrund och uppdrag som i sig innehåller en rad mer eller mindre uttalade mål tillkommer mål i avsnittet om *Övergripande mål och riktlinjer* samt ytterligare kunskapskrav/mål i kursplanerna. Inte minst blir frågan hur mål som demokrati, medborgarskap och utvecklingen av sociala färdigheter ska vägas mot kunskapskraven viktig. Eftersom läroplanen inte är tydlig i detta avseende finns det stora möjligheter för den som har inflytande att så att säga vrida läroplanen i den riktning som önskas.

Inte bara relationen mellan mål inom läroplanen är oklar utan också relationen mellan målen i läroplanen och de som finns i skollagen. På en ganska hög abstraktionsnivå kan dock målen i skollagen såväl som i läroplanerna sägas röra sig om delvis samma områden. Läsaren kan själv jämföra de överordnade mål i skollagen som diskuterades ovan med de överordnade teman som urskiljdes i läroplanen. Kanske fokuseras elevers olika förutsättningar något mindre i läroplanen. De formuleringar som direkt berör elever som har svårigheter att nå målen i Lgr 11 är först och främst följande:

> Skolan har ett särskilt ansvar för de elever som av olika anledningar har svårigheter att nå målen för utbildningen. Därför kan undervisningen aldrig utformas lika för alla (s. 4).
>
> Lärare ska stimulera, handleda och ge särskilt stöd till elever som har svårigheter (s. 9).

Och i avsnittet om rektors ansvar:

> Undervisningen och elevhälsans verksamhet utformas så att eleverna får det särskilda stöd och den hjälp de behöver (s. 15).
>
> Kontakt upprättas mellan skola och hem, om det uppstår problem och svårigheter för eleven i skolan (s. 16).
>
> Resursfördelningen och stödåtgärderna anpassas till den värdering av elevernas utveckling som lärare gör (s. 16).

Sammanfattningsvis kan jag konstatera att det jag kallar ”målbilden” i svensk skola inte är helt lätt att fastställa. Detta gör att det finns stora möjligheter att tolka målen utifrån vad som anses vara rätt och rimligt och/eller ligger i ens eget intresse. Även om enighet kan uppnås om vilka som är de grundläggande målen återstår problemet att veta vilka mål som ska prioriteras i arbetet.

LÄROPLANEN FÖR DE FRIVILLIGA SKOLFORMERNA

Det övergripande resonemang som förs ovan om läroplanerna för de obligatoriska skolformerna gäller delvis också för läroplanen för de frivilliga skolformerna, det vill säga för gymnasieskolan, gymnasiesärskolan, särvux och komvux. Dock föreligger en väsentlig skillnad som framgår av stycket 1.2 *Gemensamma uppgifter för de frivilliga skolformerna*:

> Huvuduppgiften för de frivilliga skolformerna är att förmedla kunskaper och skapa förutsättningar för att eleverna ska tillägna sig och utveckla kunskaper.

Det är svårt att tolka detta på något annat sätt än att det är kunskapsuppdraget som ska stå i centrum för de frivilliga skolformerna.

I övrigt förs en mängd mål och värden fram i läroplanen och dess inledande avsnitt är till stora delar överensstämmande med motsvarande avsnitt av läroplanerna för det obligatoriska skolväsendet. I läroplanen klargörs skillnader, framför allt vad gäller kunskapsmål mellan de olika frivilliga skolformerna. Ytterligare mål finns som programmål och kursplanemål. Sammantaget återkommer till stora delar de problem som diskuterades i relation till kursplanerna för det obligatoriska skolväsendet även om prioriteringen av kunskapsuppdraget är tydligare i läroplanen för det frivilliga skolväsendet.

FÖRSKOLANS LÄROPLAN

På samma sätt som för de övriga läroplanerna har läroplanen för förskolan mål på olika nivåer och av olika karaktär. Under rubriken *Förståelse och medmänsklighet* står till exempel att förskolan ”ska uppmuntra och stärka barnens medkänsla och inlevelse i andra människors situation” (s. 3). Detta är ett av många exempel på att mål ofta inte formuleras explicit, som t.ex. att ett mål är att stärka barnens medkänsla. Detta och annat gör att den så kallade målbilden, precis som i fallet med de andra läroplanerna, blir komplex, inte minst om målen i skollagen vävs in.

Inledningsvis i förskolans läroplan presenteras grundläggande värden, t.ex. flera av de värden som lyfts fram i de andra läroplanerna och därefter följer en skrivning om förskolans uppdrag: ”Förskolan ska lägga grund till ett livslångt lärande. Verksamheten ska vara rolig, trygg och lärorik för alla barn som deltar” (s. 5). Det betonas att barnen ska utvecklas till ”ansvarskännande samhällsmedlemmar” (s. 5). Även i övrigt innehåller stycket mycket text om vad förskolan ska erbjuda, vilka mål förskolan ska sträva mot och också sådant som ska leda till att barnen når målen. I avsnittet *Mål och riktlinjer* fastslås mål som förskolan ska sträva efter att varje barn uppnår samt vilket ansvar förskolelärare och arbetslag har. Det handlar om mål både vad gäller avsnitten *Normer och värden*, där fem mål urskiljs, t.ex. förmåga att ta hänsyn till och leva sig in i andra människors situation samt vilja att hjälpa andra och avsnitten *Utveckling och lärande*, där 22 mål förekommer, t.ex. utveckla sin identitet och känna sig trygg i den, utveckla intresse för skriftspråk samt förståelse för symboler och deras kommunikativa funktioner. Förskolans läroplan innehåller avslutningsvis avsnitt om

- barns inflytande
- relationen förskola och hem
- samverkan med förskoleklassen, skolan och fritidshemmet
- uppföljning, utvärdering och utveckling
- förskolechefens ansvar.

Sammantaget gäller flera slutsatser som dragits vad gäller övriga läroplaner också förskolans läroplan; målbilden är komplex och målprioritering saknas. Givetvis kretsar förskolans läroplan mer kring omsorg än de andra läroplanerna men det är också tydligt att lärandet lyfts fram mer i jämförelse med tidigare styrdokument för förskolan.

Liksom i de övriga läroplanerna handlar lite i texten om särskilt stöd. Här finns dock en längre skrivning som handlar om de barn som behöver mer stöd:

> Den pedagogiska verksamheten ska anpassas till alla barn i förskolan. Barn som tillfälligt eller varaktigt behöver mer stöd än andra ska få detta stöd utformat med hänsyn till egna behov och förutsättningar. Personalens förmåga att förstå och samspela med barnet och få föräldrarnas förtroende är viktig, så att vistelsen i förskolan blir ett positivt stöd för barn med svårigheter. Alla barn ska få erfara den tillfredsställelse det ger att göra framsteg, övervinna svårigheter och att få uppleva sig vara en tillgång i gruppen (s. 5).

Liksom i skollagen är det inte helt klart när barn har rätt till ett särskilt stöd i förskolan. Målet att det särskilda stödet ska innebära att förskolan ska vara en positiv erfarenhet är ganska ospecifikt. Intressant är att man slår fast att barnet ska få erfara att "uppleva sig vara en tillgång i gruppen".

I nästa stycke diskuterar jag ett mål som många som arbetar med barn och elever i behov av särskilt stöd vill lyfta fram och som brukar benämnas *inkludering*. Det är från början ett mål som är tänkt att omfatta hela förskolans och skolans verksamhet. Man kan säga att utgångspunkten är att förskola och skola ska vara anpassad för att kunna ta hand om alla barn och elever. Det är alltså inte så att barn och elever ska behöva anpassas till en verksamhet som inte är utformad för dem. Inkludering innebär också att förskola och skola undviker särlösningar. Hur förhåller sig då målet om inkludering till de mål och riktlinjer från olika styrdokument som diskuterats ovan? Som vi sett ovan så finns det en tillåtande attityd till särlösningar i styrdokumenten. Samtidigt lyfts en rad värden fram i skollag och läroplan som är förenliga med idén om inkludering, till exempel att elever ska utveckla respekt för grundläggande demokratiska värderingar och visa tolerans. Det är dock viktigt att konstatera att begreppet inkludering inte nämns i de viktigaste styrdokumenten för svensk skola. Av detta och andra skäl har idén om inkludering visat sig svår att förverkliga.

Inkludering som mål

Det finns de som menar att rätten till inkludering/delaktighet i skolan är särskilt betydelsefull och att det därför skulle vara ett överordnat mål för skolan (t.ex. Haug, 1999). Men inget av dessa begrepp lyfts alltså fram i skollagen eller i Lgr 11. Detta är intressant då inkludering/delaktighet länge framhållits som eftersträvansvärt i forskningen om specialpedagogik. Ofta åberopas inom specialpedagogiken den så kallade Salamancadeklarationen (UNESCO, 1994) där inkludering förespråkas. Detta blir lite problematiskt då Salamancadeklarationen inte kan sägas vara något av de tyngre styrdokumenten vad gäller svensk skola och inte heller uppfattas så av exempelvis skolchefer (se Nilholm m.fl., 2007).[3] Men vad menar man då med begrepp som inkludering och delaktighet och i vilken historisk situation växer krav på inkludering/delaktighet fram? I följande avsnitt ges först en kort historisk bakgrund till diskussionen om inkludering och därefter fördjupar jag resonemanget om vad inkludering innebär.

3 Begreppet 'inclusion' är ej heller speciellt väldefinierat i Salamancadeklarationen.

Skolhistorien är full av exempel på hur olika elevgrupper exkluderats från undervisningen (Ahlström m.fl., 1986, Areschough, 2000, Axelsson, 2007, Egelund m.fl., 2006, Frithiof, 2007). Sådana särlösningar har funnits i form av exempelvis specialskolor, specialklasser, klinikundervisning och särskilda undervisningsgrupper. Under 1800-talet etablerades ett så kallat parallellskolesystem med en utbildningsväg för privilegierade grupper och en annan för den stora folkmassan. Noterbart är att många elever inte gick i skolan alls. Detta var också en vanlig situation för elever med funktionsnedsättningar. Den svenska grundskolan, som etablerades 1962, innebar att alla elever skulle finnas i en gemensam skolform, en skola för alla. Flera skäl för införandet av en gemensam grundskola kan identifieras varav några av de vanligaste var att:

- elever skulle ges lika möjligheter
- begåvningar skulle tas tillvara
- skolan skulle bli en mötesplats för olika grupper i samhället och öka förståelsen av andras livserfarenheter.

Vid denna tid var Sverige ett relativt sett etniskt homogent land och de grupper som skulle mötas var framför allt olika sociala klasser. Det fanns dock flera elever som inte ansågs passa i den vanliga undervisningen och som hänvisades till olika former av specialklasser, exempelvis hjälpklasser, skolmognadsklasser, läs- och skrivklasser, synklasser, hörselklasser och observationsklasser. Många elever med funktionsnedsättning gick också i olika former av specialskolor och fick därför inte gå i skola på hemorten. Bortsett från att vissa elever saknade en självklar tillhörighet i grundskolan medförde boendesegregation att möten mellan olika sociala grupper inte alltid uppstod. Vidare kunde en skola segregera inom skolans ramar genom att elever från samma del av skolans upptagningsområde, t.ex. ett villaområde, placerades i samma klass. Det visade sig också att det var svårt att kompensera eleverna för deras olika sociala bakgrunder. Det innebar att elevens hemförhållanden fick stor betydelse för hur hon/han lyckades i utbildningssystemet. Det var alltså svårt att skapa en likvärdig grundskola.

Mot slutet av 1960-talet samordnades specialpedagogiken alltmer med den vanliga undervisningen. Den så kallade SIA-utredningen (SOU 1974:53) är ett viktigt historiskt uttryck för tanken om en skola för alla elever (se

Assarsson, 2007). Utredningen öppnade för tanken att om elever hamnade i svårigheter så skulle i första hand skolans arbetssätt omprövas. Vi skulle kunna se begreppet inkludering som en utsträckning av idén om en skola för alla till att även omfatta elever med funktionshinder och/eller i riskzonen att inte nå målen.

Den som kanske tydligast uttryckt idén om inkludering i ett svenskt sammanhang är Peder Haug (1998). Han menar att inkludering innebär att undervisningen ska ske inom ramen för den klass där barnet är inskriven som elev, att social träning och utveckling av gemenskapen är viktiga och att barn inte ska stigmatiseras eller stötas ut. Vidare menar han att prestationen måste underordnas elevens rätt till delaktighet i undervisningen. Detta innebär en kritisk hållning till det målrelaterade betygssystemet eftersom alla elever inte kan förväntas nå målen. Över huvud taget innebär inkludering som det tolkas av Haug (a.a.) en kritik av särskiljanden såväl organisatoriskt som språkligt, t.ex. i språkliga kategorier som pekar ut olika elevgrupper som bristfälliga i ett eller annat avseende (se dock Nilholm, 2007, för en kritisk granskning av Haug). Inkludering innebär att elevers olikhet ska ses som en tillgång. Således handlar inkludering självklart om mycket mer än en placering av eleven. Till exempel menar Asp-Onsjö (2006) att vi utöver den fysiska placeringen av eleven också måste tala om social och didaktisk inkludering.[4]

I vilken mån kan då sägas att den svenska skolan är inkluderande? I artikeln "Inclusive education in Sweden? – a critical analysis" (Göransson, Nilholm & Karlsson, 2011) analyseras denna fråga (se också Haug, 1999).

4 För fördjupningar se: a) Nilholm (2006a) för en utförlig analys av inkluderingsbegreppet; b) Booth & Ainscow (2002), Eggertsdóttir & Marinósson (2005), Flem, A., Moen, T. & Gudmundsdottir, S. (2004), Goodman (2006), McLeskey & Waldron (2007), Nilholm & Alm (2010), Slavin (1996), Soodak (2003), Tetler (2000) och Thomas & Loxley (2001), om hur skolor/klasser kan arbeta för att bli mer inkluderande; c) Dyson & Millward (2000), Carrington (2006) och Lloyd (2008) för analyser av problem som kan uppstå i strävandet efter en mer inkluderande utbildning; d) Florian (2008) för en diskussion om framtida möjligheter att skapa en mer inkluderande utbildning); e) Florian & Rouse (2009) angående lärarutbildnings roll i en inkluderande skola; f) Nilholm (2007b) för en analys av internationell forskning om inkludering och g) Nilholm (2006a, 2007) för en kritisk analys av inkludering som begrepp och fenomen.

En av slutsatserna är att styrdokumenten för den svenska skolan inte är så inkluderande som det brukar påstås. Om det till exempel hade uttryckts i läroplanen att den svenska skolan ska vara inkluderande och att olikhet ska ses som en tillgång, så hade målet inkludering varit tydligare. Nu öppnar styrdokumenten för olika typer av särlösningar samtidigt som elever måste kategoriseras för att få det stöd de behöver, till exempel som en "elev i behov av särskilt stöd". Göransson m.fl. (a.a.) menar att det förefaller som om det är oerhört svårt i skolan att se elevers olikheter som en tillgång. I stället är fortfarande ett bristperspektiv (Atterström & Persson, 2000) dominerande i svensk skola, det vill säga elevers svårigheter förklaras oftast utifrån deras individuella tillkortakommanden och/eller brister i deras sociala bakgrund.

Sammanfattningsvis är det intressant att jämföra målet inkludering med de andra mål som diskuterats i kapitlet. Utan tvekan är det så att inkludering i högre grad än de nuvarande målen är ett mål för *helheten* snarare än för den individuella eleven. Inkludering ger förstås i teorin varje elev en hel del rättigheter såsom att få vara delaktig och att inte stigmatiseras. Men samtidigt är det också en idé för hela klassen/skolan. Inkludering innebär i en vanlig tolkning att klasser och skolor utgör miljöer där olikhet ses som något positivt, där det finns tolerans för det annorlunda och där prestationen inte blir grund för värdering och tillhörighet. Haug (1998) menar att detta sätt att se på förskolans och skolans uppgifter är uttryck för deltagardemokrati vilket i hans tolkning betyder att barns/elevers rätt att vara delaktiga ej är förhandlingsbar (se Carlsson & Nilholm, 2004, för en diskussion om olika sätt att se på inkludering och demokrati). På så sätt påminner idealet om inkludering om de ideal som legat till grund för förskolans verksamhet, där ju individuella mål inte haft en framträdande plats utan där lek, social träning och utveckling av gemenskapen betonats. De mål som ställs i grundskolan är mer individuellt orienterade, speciellt kunskapsmålen. Det är också så att det uppenbart finns elever som inte har möjligheter att nå dessa individuella kunskapsmål och flera av dessa tas alltså emot i särskolan. Frågan är då hur ett inkluderingsmål ska kunna nås om vi menar att det innebär att alla elever ska tillägna sig vissa kunskaper. Det finns också forskning som visar att segregerande lösningar i vissa fall verkar ha relativt gynnsamma effekter till exempel för elever som är skoltrötta/omotiverade/socialt belastade (se t.ex. Gunnarsson, 1999, Sandén, 2000). Vi vet dock inte vad ett gott förebyggande arbete hade kunnat betyda för dessa elever. Samtidigt som inkluderingsbegreppet diskuterats mycket inom det specialpedagogiska området har resultat på kunskapsprov alltmer kommit att dominera den allmänna diskussionen om skolan, något som behandlas i nästa stycke.

Resultat som mål

I dag handlar en stor del av diskussionen om skolan om resultat (se t.ex. Skolverket, 2009). Jag har i ett annat sammanhang använt ordet *resultatdiskursen* (Nilholm, 2009) för att sammanfatta detta fenomen. Resultatdiskursen uppstår ofta med kraft i länder som uppvisar dåliga eller försämrade resultat i internationella kunskapsmätningar. Detta innebär att skolans resultat inom framför allt områden som matematik, läsförståelse och naturorienterade ämnen fokuseras. En mängd åtgärder sätts in vilket i flera sammanhang kommit att betyda tidigare betygssättning, fler utbildningsinspektioner och försök att styra de undervisningsmetoder som används i klassrummen. Resultatdiskursen bidrar tyvärr till att det blir svårt att föra en allsidig diskussion om ett så pass komplicerat system som skolan (Wiklund, 2008). Den innebär att mål för skolan som beslutats i demokratisk ordning och som diskuterats tidigare i detta kapitel kommer i bakgrunden.

En annan viktig fråga är huruvida resultatmätningen ger en bra bedömning av hur skolan lyckas med sitt kunskapsuppdrag. Givetvis är det oerhört viktigt att elever har goda kunskaper i de olika ämnena. Men om vi vill komplicera bilden något kan vi för diskussionens skull exempelvis skilja på sådana kunskaper som:

1. alla som regel har tillängliga när de en gång erövrats (t.ex. förmågan att cykla och multiplikationstabellen)
2. man kan ge språkligt uttryck för men som inte tillägnats på ett genuint sätt (se t.ex. temanummer i Pedagogisk forskning, 2010)
3. glömts bort
4. finns kvar i en persons repertoar men som aldrig används
5. finns kvar och som man har användning för yrkesmässigt eller privat.

Det är framför allt kunskaper som finns tillgängliga och som man har användning för som ger ett bestående värde för individen och samhället. Vad gäller den tredje kategorin, kunskaper som glöms, finns anledning att påminna om det gamla talesättet ”Kunskap är vad man har kvar när man glömt vad man lärt sig”. Samtidigt kan det innebära en viss tillfredsställelse att veta att man tidigare förstått något. Kanske än mer betydelsefullt är att om man vid ett visst tillfälle har förstått exempelvis grunderna i ett ämne/område kan detta ha bidragit till ett bättre underbyggt beslut om att ägna sig eller inte ägna sig åt ämnet/området i framtiden. Ett sådant beslut är svårare att fatta om kunskapen aldrig tillägnats. Därför ska det heller inte underskattas att kunskaper som fallit i glömska kan ha varit värdefulla. Naturligtvis kan de också vara möjliga att väcka till liv med en mindre ansträngning än vad som krävdes när de tillägnades första gången.

Jag kan ge en anekdotisk illustration till hur kunskap lätt glöms bort. Jag har flera gånger under min egen skoltid liksom inför läxförhör med mina barn tillägnat mig kunskapen om hur ljus skapas när elektroner i en atom hoppar från ett skal till ett annat. Eller rättare sagt: jag tillägnade mig mycket mer än det, men denna avskalade beskrivning är vad jag kan erinra mig från den ganska komplicerade process som läroböckerna beskrev och som jag alltså lärt mig förstå vid fem till sex tillfällen! Detta illustrerar hur mycket skolkunskap vi faktiskt glömmer. Intressant nog diskuteras den av gemene man omhuldade idén om att lära sig för livet mycket sällan i de utvärderingar av lärande i olika skolsystem som alltmer genomförs, inte minst i internationella sammanhang. Det skulle vara mycket intressant att göra en undersökning av vad olika årskullar elever de facto kommer ihåg av vad de lärde sig i skolan. Detta inte sagt för att trivialisera betydelsen av att eleverna lär sig förstå grundläggande naturfenomen, språkets uppbyggnad och alla andra saker som de förväntas lära sig i skolan. Frågan om kunskapens natur och former är förstås också mycket mer komplex än vad mitt resonemang här kunnat ge uttryck för. (Se t.ex. Gustavsson, 2002 och 2004, för en filosofiskt orienterad analys av kunskapsbegreppet och 2009 för en diskussion om kunskap i relation till demokrati och bildning.)

Men skolan har också en rad andra mål som är viktiga, som att fostra demokratiskt sinnade medborgare, att elever bibehåller sin lust för lärandet och lär sig för livet, utvecklar självständighet och en god förmåga att fungera socialt, utvecklar ett kritiskt tänkande samt ges möjligheter att skapa förtroendefulla relationer med sina lärare. Resultatdiskursen tenderar att nedtona betydelsen av dessa mål. Å andra sidan har inkluderingsdiskursen ibland tenderat att endast fokusera på de mål som nämnts och inte i lika hög grad på skolans kunskapsuppdrag. Men de flesta skulle nog mena att inkludering också innebär att elever blir delaktiga i lärandet i skolan (se t.ex. Asp-Onsjö, Nilholm & Alm, 2010) även om det är påfallande hur sällan begreppet inkludering ges en precis definition (Nilholm, 2005).

En liten utvikning kan förtydliga hur begränsat resonemanget blir när inte alla skolans mål tas i beaktande. Jag bevistade ett seminarium vid en högskola i Sverige där en representant för den finska lärarutbildningen skulle redogöra för densamma. Denne berättade att det finska utbildningssystemet länge var starkt kritiserat i hemlandet. När det i ökande grad började göras internationella jämförelser av elevers resultat på kunskapsprov visade det sig till mångas förvåning, inte minst i Finland, att de finska barnen presterade i topp i många mätningar. Därav titeln på seminariet ”Det finska undret”. Mina förväntningar inför seminariet var att bilden av den finska skolan skulle problematiseras under seminariets gång: Har det i själva verket skett ett finskt under? Vad består det i så fall av? Har det finska skolsystemet också mindre goda sidor? Till min förvåning följde en utförlig beskrivning av den finska lärarutbildningen som framställdes som mer eller mindre föredömlig. Under frågestunden passade jag dock på att ställa frågan om vi kan tala om ett finskt under. Föreläsaren svarade då att andra påstår att det är så, underförstått att han inte ville göra en egen bedömning. Samtidigt konstaterade han att representanter för andra länders utbildningssystem mer eller mindre vallfärdar till Finland. Föreläsaren framhöll också att det finns en del som talar för att finska elever i allmänhet tycker att skolan är ganska tråkig. Jag avhöll mig från att fråga om den förnämliga lärarutbildningen alltså utbildade lärare som tråkade ut eleverna.

Poängen med exemplet är inte att ge en rättvisande karakteristik av den finska skolan. Min poäng är att det är ganska poänglöst att värdera den finska skolan endast utifrån resultaten på internationella kunskapstester. Men om den finska skolan också uppfyller andra mål skulle vi kunna tala om ett finskt under. Sådana mål är till exempel att skolan är likvärdig, att eleverna ges möjlighet att bli ansvarsfulla individer och att de tycker att skolan och undervisningen är stimulerande. Vidare att eleverna behåller en glädje i lärandet, förbereds att delta aktivt i ett demokratiskt samhälle och utvecklar självständighet och förmåga att samarbeta med andra. Detta är inte att förringa betydelsen av de kunskaper som tillägnas i skolan utan bara att konstatera vad de flesta förmodligen håller med om som inte gått vilse i resultatdiskursen.

Sammanfattning

Kapitlet tar avstamp i Deweys kritik av förformulerade mål i skolan. Dewey reser viktiga frågeställningar om målens roll i skolan och skolans roll som förberedelse för samhällslivet. Därefter presenterar och diskuterar jag mål och riktlinjer för svensk skola och förskola, vilka på många sätt är oförenliga med Deweys synsätt. Jag sammanfattar avsnittet om mål och riktlinjer i styrdokument med att konstatera att ”målbilden” för svensk skola och förskola är komplex. Ändå kan med lite god vilja en kärna av teman urskiljas, men prioriteringen mellan dessa mål framgår ej.[5]

Begreppet och fenomenet inkludering diskuteras utförligt, inte minst för att inkludering förs fram som ett mål i många sammanhang för arbetet med barn och elever i svårigheter. Också vad som benämns som *resultatdiskursen*, det vill säga ett fokus på skolans mätbara resultat på kunskapstester, diskuteras och granskas kritiskt.[6] Både den kunskapssyn som

5 Jag brukar ibland lite på skämt säga att om jag hade gett en student i uppgift att skriva en läroplan för den svenska grundskolan och om denne student återkommit med läroplanen för grundskolan (det fiktiva exemplet bygger alltså på att jag inte känner igen den) så skulle jag säga: Jo, men du lyfter fram väldigt mycket fina och viktiga saker i din läroplan. Ibland formulerar du dig på ett fantastiskt sätt och jag tycker verkligen att ditt arbete har stor potential. Men du måste förstå att du behöver vara tydligare. Klargör vad som är de viktiga målen och hur dessa står i relation till varandra. Du måste också definiera dina begrepp tydligare och se över rubriksättningen. Det fiktiva exemplet illustrerar också det faktum att det långtifrån alltid är de viktigaste dokumenten som det ställs störst krav på vad gäller tydlighet och koherens. Möjligen kan det faktum att läroplanen är ett resultat av politiska kompromisser delvis förklara dess mångtydighet. Det kan förstås också finnas vissa fördelar med en mångtydig läroplan för de grupper som har makten att tolka den.

6 Det är ju förstås fullt möjligt att tala om medborgarskapsdiskurs, värdegrundsdiskurs och liknande för diskurser som på samma sätt som resultatdiskursen endast fokuserar en avgränsad del av skolans mål.

uttrycks inom ramen för resultatdiskursen och det faktum att skolans övriga mål riskerar att komma i andra hand problematiseras. Kapitlet har förhoppningsvis tydliggjort att det går att se på skolans mål och meningen med skolan på olika sätt. Vilket synsätt som får företräde är till stora delar en maktfråga.

Exkurs – målsättning som maktfråga

I linje med påståenden att målet och meningen med utbildningen är helt avgörande för skolans verksamhet ligger en insikt i vilken makt det innebär att formulera mål för skolan. I Sverige har politiker i riksdag och regering stor makt över skolan. Även om en del menar att kommunerna har ett stort inflytande över det som sker i skolan så är det ändå på central politisk nivå som beslut om skollag och läroplaner tas. Det finns något infernaliskt i de målstyrningssystem som används i alltfler verksamheter i dag. Rättigheten att formulera målen samtidigt som ansvaret för att målen uppfylls överlåts till andra innebär att man kan hålla de andra ansvariga när målen inte uppfylls. Genom till exempel skolinspektionen undersöker man hur väl kommuner och skolor uppfyller de mål som formuleras på central nivå. Samtidigt har målstyrning vissa fördelar, inte minst genom att det kan tydliggöras vad man ska uppnå med en verksamhet.

Kommuner och skolor har inflytande över *hur* målen ska uppnås. Samtidigt är denna uppdelning mellan centralt formulerade mål och lokalt beslutade medel inte helt tydlig. Ju mer specifikt formulerade de centrala målen är desto mindre synes möjligheterna vara att välja hur målen ska uppnås. Ett exempel på detta är vad som brukar kallas 'teaching for the test'. I ett system där uppnåendet av kunskapsmål hela tiden ska testas och offentliggöras får målformuleringar konsekvenser för de medel som används på lokal nivå för att nå målen. Lärarens handlingsutrymme minskas således. Det var detta Dewey menade i citatet som återgavs i början av kapitlet där han påstår att mål påförda utifrån hämmar läraren. Ett sådant system kan å andra sidan skapa trygghet för läraren genom att denne får tydligare ramar att arbeta inom. Men frihet och ansvar är också i sig förknippade med en viss vånda och är något som kan få människor att utvecklas och växa.

Fördelningen av makt i ett modernt samhälle uttrycks genom specifika relationer mellan stat, marknad och civilsamhälle.[7] Carlsson & Nilholm (2004) (se också Nilholm, 2006b) menar inte oväntat att det är rimligt att ta demokratin som utgångspunkt när man diskuterar hur makten ska fördelas. Samhällsteorier kan ses som en sorts "berättelser" över hur dessa relationer ser ut och ibland också om hur de borde se ut. Nästan alla i samhället accepterar den representativa demokratin som grundläggande för maktfördelningen. Representativ demokrati innebär fria val, styrning genom en politisk elit och en gemensam förvaltning. Vad gäller skolans område fattar politiker beslut om de grundläggande ramarna medan byråkrater och professionella sköter den löpande verksamheten och därmed implementeringen av politiska beslut. Men inom ramen för denna övergripande struktur kan makten över mål och medel i skolan fördelas på olika sätt. En extrem vore att skolor själva fick bestämma mål och medel. En annan vore att staten bestämmer både mål och medel. Den svenska skolan har historiskt sett varit statligt styrd genom det Englund (1993) kallar den stora demokratin. Tidigare innebar detta en regelstyrning av skolans verksamhet där verksamheten till stora delar styrdes i detalj. Sedan 1990-talet har skolan delvis öppnats upp för ett marknadstänkande där elever och föräldrar genom att göra val har fått ett ökat inflytande samtidigt som mål- och resultatstyrning införts.

I dag är det så att staten i Sverige till stora delar behåller och ökar sitt inflytande över skolan. Det innebär också att lärare i dag i stor utsträckning är styrda utifrån. Denna utifrånstyrning har ökat genom den nya skollagen (2011) och framför allt genom de nya läroplanerna. Makten utövas bland annat genom en mer detaljerad målstyrning och genom ett "tuffare" utvärderingssystem. Det är förstås frestande för den politiska makten att styra skolan utifrån vad som uppfattas som egna goda intentioner. Men mer makt åt staten betyder också mindre makt åt den enskilde läraren och kanske också ökade svårigheter att rekrytera lärare som tänker självstän-

7 Se Helldin (1997), Helldin & Sivertun (2004) och Sivertun (2006) för en diskussion om specialpedagogik utifrån ett perspektiv där statens, marknadens och civilsamhällets roller problematiseras. Jämför också Conolley & Haustätter (2010) som argumenterar mot en inkluderande utbildning utifrån en analys av framför allt civilsamhällets roll i samhället.

digt. Det finns förstås en uppenbar risk att ett läraryrke mister sin attraktionskraft eftersom det utmärks av låga löner och ett begränsat handlingsutrymme i en skola som regelbundet kritiseras av politiker och i media (se också kapitel 5 där lärarens betydelse lyfts fram).

Ett målrelaterat system innebär att lägre nivåer i hierarkin blir redovisningsskyldiga ('accountable') för sin måluppfyllelse. Många skulle nog mena att redovisningsskyldigheten ('accountability') vad gäller skolans verksamhet i dag är ganska ensidig. Det innebär att de ”lägre” nivåerna är redovisningsskyldiga gentemot de högre men att det motsatta förhållandet är mer sällsynt. Exempel på en omvänd redovisningsskyldighet vore om verksamma i förskola och skola krävde tydligare läroplaner från politiskt håll och/eller siffror på att skolinspektionens arbete har effekt. Vi kan tänka oss ytterligare möjligheter. Min poäng här är inte att föreslå vad skolor och kommuner ska göra utan att visa att det inte finns någon given maktbalans i sådana här frågor. Det är också viktigt att konstatera att demokrati innebär att politiker per definition ställs till svars för den politik de bedriver i debatter, media och inte minst i allmänna val.

KAPITEL 3

Det kompensatoriska uppdraget

I slutet av 1960-talet gick jag i Skärsätra skola på Lidingö. Någon gång under lågstadiet utökades klassen med några nya elever. Dessa elever skulle gå om årskursen. Det visade sig att de nya eleverna hade ganska svårt med skolans teoretiska innehåll. Någon hade också vad bedömdes som svårigheter att anpassa sig till den ordning som krävdes av läraren. Till saken hör också att det verkade som om skolan hade svårt att få eleverna att komma ikapp den övriga klassen, snarare verkade de halka efter än mer och gradvis förlora intresset. Hur förstod jag då denna situation? Ett flertal möjligheter finns när det gäller att förklara varför elever får problem i skolan. Den förklaring som varit vanligast genom tiderna är att problemet beror på brister som kan hänföras till eleven. Det finns två vanliga varianter av denna förklaring. Å ena sidan ses problemen som orsakade av brister som har att göra med individens biologiska utrustning och mer eller mindre medfödda förutsättningar och begränsningar. Å andra sidan antas problemen ha att göra med bristande stimulans under uppväxten, det vill säga de tillskrivs individens hemförhållanden.

Det var den senare förklaringen som låg närmast till hands för mig vid detta tillfälle. Det var nämligen så att Skärsätra skola rekryterade elever från framför allt två olika typer av upptagningsområden. Eleverna kom oftast från radhus- och villaområden eller från hyreshusområden. De förstnämnda områdena dominerades av medelklass, det vill säga föräldrarna där hade oftast en lång utbildning bakom sig och arbetade till exempel i tjänstemannayrken, var egna företagare eller hade relativt höga positioner i näringslivet. De senare områdena dominerades av föräldrar i industri- och serviceyrken, en relativt stor del arbetade på AGA. Det var tydligt för mig att det fanns ett samband mellan ”skolframgång” och var eleverna kom ifrån. Men varför föreföll det som om skolan närmast stukade flera av dessa elever i stället för att utveckla deras möjligheter att tillägna sig undervisningens innehåll?[1]

Att bli lika

Den amerikanske filosofen Richard Rorty (1997) pekar på den långa tradition av samhällsfilosofer som framhåller att social rättvisa borde vara ett centralt mål för samhället. Social rättvisa har ofta kommit att tolkas som att barn och elever i svårigheter i förskola och skola har rätt till ett särskilt stöd, det vill säga en kompensation. Också Dewey uttryckte att skolan har en kompensatorisk uppgift och menade att skolan ska utjämna olikheter i förutsättningar:

> Skolor måste finnas i en sådan omfattning och de måste vara så effektiva att de i realiteten och inte bara till namnet minskar effekten av den ekonomiska ojämlikheten och garanterar alla de barn som anförtrotts dem samma utrustning för deras framtida levnadsbana. (Dewey, 1916/1997, s. 139)

Skolan ska alltså ”garantera” att alla elever erhåller samma ”utrustning”. Detta ställer i sanning stora krav på skolan! Även om elever kommer till förskolan och skolan med olika förutsättningar ska de garanteras lika möjligheter inför framtiden. Deweys formulering om att alla elever ska nå målen kan jämföras med skrivningar i svenska styrdokument om att alla elever ska *ges möjligheter* att nå målen. Samtidigt påpekade Dewey, som vi sett tidigare, betydelsen av att anknyta till barnets intresse och betonade också att barn har olika mer eller mindre medfödda begåvningar. Å ena

1 Intressant nog så reagerade jag inte på samma sätt på det uppenbara genussystemet i skolan. Det fanns stereotyper för hur pojkar och flickor skulle vara. Inom ramen för dessa stereotyper fanns det olika sätt att vara flicka respektive pojke på och även något exempel på elever som utmanade stereotyperna. Det är förstås också så att min egen position som ”pojke från radhusområdet” hade betydelse för vad jag såg och hur jag såg det likaväl som min position idag har betydelse för hur jag erinrar mig denna situation. Alla beskrivningar av ”verkligheten” kan förstås problematiseras utifrån vem som gör dem och i vilket syfte de görs och jag gör förstås inte anspråk på att min beskrivning är objektiv.

sidan ska alla erhålla ”samma utrustning”. Å andra sidan menade Dewey i andra sammanhang att intressen ska uppmuntras samtidigt som den medfödda begåvningen förmodligen innebär att man kommer att ha ”olika utrustning” när skolan är genomgången. Här finns ett dilemma (Nilholm, 2007) som kan spåras genom hela skolans historia. Å ena sidan ska elever göras lika, å andra sidan ska de behålla sin egenart. Hur en lärare förhåller sig till detta dilemma har uppenbara konsekvenser för synen på skolans kompensatoriska uppdrag. Det är svårt att sitta på båda stolarna samtidigt.

I Sverige i dag är nästan alla överens om att förskolan och skolan ska kompensera för barns och elevers olika förutsättningar samtidigt som hänsyn ska tas till deras olika förutsättningar och intressen. Men vilket mål ska det kompensatoriska arbetet ha? Och till vilken grad ska barn och elever bli lika?[2] Barn och elever kan ha olika stark rätt när det gäller att nå samma mål som alla andra elever. Vi kan tänka oss att målen för det kompensatoriska arbetet kan rangordnas på en skala från att lite kompensation krävs av förskolan och skolan till att de ska kompensera barns och elevers olika förutsättningar fullt ut, genom rätt till:

- minimal kompensation
- kompensation när målen inte nås, d.v.s. ungefär det som gäller i skolan i dag
- måluppfyllelse
- samma möjligheter som alla andra efter genomgången skola.

Om vi i stället ser saken utifrån förskolans och skolans skyldigheter innebär det:

- liten skyldighet att ge någon kompensation
- skyldighet att ge kompensation när målen inte nås
- skyldighet att se till att alla elever når målen
- skyldighet att se till att elever har liknande möjligheter efter genomgången skola.

2 Se Johansson (2010) för en empiriskt grundad analys av denna frågeställning vad gäller gymnasieskolan.

Vi ser alltså att det kan vara en himmelsvid skillnad mellan olika sätt att se på barns och elevers rättigheter och förskolans och skolans skyldigheter vad gäller uppnåendet av gemensamma mål. Men har inte elever också rätt att förbli olika? Barn och elever har olika social bakgrund, intressen, egenskaper, begåvning och så vidare. Varför ska de bli lika? En del skulle mena att förskolor och skolor i stället ska vara arenor för mångfald (Bagga-Gupta, 2004).

Att (för)bli olika

I den kompensatoriska tankens förlängning ligger alltså ofta att barn och elever ska bli mer lika varandra, vilket inte minst gäller de svenska styrdokumenten. Framför allt brukar då likhet vad gäller skolans kunskapsmål betonas. Men även de andra mål som diskuterades i förra kapitlet, till exempel de som uttrycks i värdegrunden, innebär att likhet eftersträvas, t.ex. att elever i skolan ska bli generösa och toleranta. Det betyder också att viss kunskap och vissa erfarenheter och beteenden ses som mer eftersträvansvärda. Många menar att det är medelklassens värden som dominerar i skolan (Bernstein, 2003). Hur förskola och skola än utformas kommer vissa normer att få företräde (Nilholm, 2007) och det finns alltid en uppenbar risk att idéer om att elever ska bli mer lika innebär att någon identifieras som mindre värd (Säfström, 2007). Men det är fullt möjligt att ha olika åsikter om vilka och vems normer som ska vara giltiga i skolan och förskolan, samt vad gäller hur mycket av elevers särart, i form av individuella förutsättningar och sociokulturella erfarenheter, som ska tillåtas i skola och klassrum.

Peder Haug kan ses som en teoretiker som lyfter fram barns och elevers rätt till sin särart i betydligt högre grad än vad som görs i till exempel Lgr 11. I förra kapitlet konstaterade jag att flera som är verksamma inom det specialpedagogiska området förespråkar en inkluderande utbildning. Hur ska vi förstå den kompensatoriska tanken i relation till idén om en inkluderande utbildning? Haug (1998) är en person som ingående diskuterar detta och hans poäng är att rätten till deltagande är det primära värdet och att andra värden måste underordnas detta. Vidare betonar Haug att delaktighet är rätten till tillhörighet i en *social gemenskap*, där kunskapskrav alltså måste underordnas själva rätten till delaktighet. På så sätt tycks han mena att idén om kompensation inte riktigt är förenlig med idén om inkludering. Kompensation innebär av nödvändighet att brister måste identifieras och att barn och elever behöver kategoriseras. Det är lite svårt för mig att se hur Haugs vision ska gestaltas i verkligheten där det finns starka krafter som förespråkar tydliga mål i skolan som ska omfatta alla elever. Men en tolkning av Haug är att det finns ett ganska stort utrymme för individuell variation i vilka kunskaper och färdigheter som kommer att tillägnas. Det innebär i så fall att individer kommer att ha olika förutsättningar efter genomgången förskola och skola. Däremot betonar Haug, precis som Dewey, vikten av den *gemensamma erfarenhet* som förskola och skola bör erbjuda.

Det individuella och det kollektiva

I den svenska skolan är det till stora delar individer som är utgångspunkten. Ett annat sätt att betrakta barn och elever är att se dem som representanter för olika sociala identiteter. Ett begrepp som har blivit populärt på senare år och som är användbart när det gäller att analysera sådana identiteter är *intersektionalitet*. Det kan tolkas på många olika sätt men innebär oftast att det i sociala sammanhang finns flera maktordningar som verkar samtidigt (Ambjörnsson, 2004). Kön, sexuell läggning, funktionalitet och ålder är grund för olika identiteter såsom man/kvinna, straight/queer, kroppsfunktionell/funktionsnedsatt, vuxen/barn, där maktordningar reglerar vad som är normativt riktigt, förväntat och värdefullt. Också här finns förstås ett mer individorienterat synsätt vilket innebär exempelvis krav på lagstiftning om att individer inte får diskrimineras på grund av till exempel etnicitet, kön, sexuell läggning eller funktionsnedsättning. Att skolan ger vissa elever ett extra stöd kan i ett sådant perspektiv ses som en positiv särbehandling i den meningen att eleverna tillförs resurser, d.v.s. de behandlas alltså inte lika samtidigt som målet med resurserna är att dessa elever ska kompenseras och i vårt nuvarande system nå samma mål som de andra eleverna. Det särskilda stödet ska säkerställa att dessa elever har samma möjligheter som andra att nå målen.

Men det finns alltså också en kollektiv dimension i detta där fokus ligger på att grupper i samhället systematiskt underordnas och diskrimineras. Utifrån en sådan utgångspunkt blir frågan om kompensation mer omfattande och gäller hela frågan om hur skolan organiseras och hur olika grupper inte ska underordnas och marginaliseras i skolan. I många svenska kommuner tillämpas till exempel ett stödsystem där man fördelar mer pengar till områden där invånarna har lägre inkomster och/eller låg utbildningsnivå och/eller hög arbetslöshet. Ett sådant stödsystem bygger till skillnad från kompensationen riktad mot individen på synsättet att det finns grupper som är strukturellt underordnade. Men frågan om den kollektiva dimensionen är förstås mer omfattande än så och handlar om många olika saker, exempelvis:

- vems erfarenheter som representeras i läroböcker
- vilka grupper som går i vilka skolor
- huruvida grupper systematiskt diskrimineras i samhället, till exempel på arbetsmarknaden
- vems språk som ges störst värde och ytterst vilka som har makten att fatta beslut och att tolka verkligheten.

Kompensation blir inom ramen för detta synsätt något som överskrider skolans verksamhet och som kräver att denna analyseras i sitt samhälleliga sammanhang.

Också när det gäller den kollektiva nivån blir dialektiken mellan olikhet och likhet viktig. De flesta skulle nog gå med på att dessa olikheter finns och att de också har en kollektiv dimension. Men sedan finns olika uppfattningar om det är eftersträvansvärt med likhet eller olikhet. Inom till exempel genusforskningen är det vanligt att man vill utmana genusordningen (Eidevall, 2009). Det skulle kunna tolkas som en strävan efter likhet men handlar i själva verket ofta om att individens särart ska kunna ges fritt spelrum utan att begränsas av en genusordning som föreskriver vad pojkar och flickor bör göra. Sedan finns det olika uppfattningar om hur mycket kollektiv mobilisering som krävs för att bryta maktordningen/maktordningar och resonemanget blir mer komplext om vi analyserar intersektionen av olika kategorier. Vissa skulle mena att det krävs en (tillfällig) betoning av olikheten/olikheterna för att utmana maktordningen och för att individens särart på sikt ska få fritt spelrum. Andra menar att betoningen av olikhet återskapar skillnaden mellan människor. Och det finns förstås de som vill bevara gruppers särart, såsom till exempel inom särartsfeminismen. Intersektionalitetsforskningen är ett ovanligt livaktigt område, inte minst teoretiskt och här finns inget utrymme för att mer än bara skissera några möjliga teoretiska positioner.

Elever i utsatta områden

Det är uppenbart att det finns bostadsområden och skolor framför allt i lite större städer där en stor mängd av eleverna inte når målen och där eleverna inte ges en likvärdig utbildning (se Jönsson, 2010, för en uppföljande intervjustudie av "problemelever" från ett sådant område). Sernhede (2009) redovisar forskning från ett så kallat utsatt område, det vill säga ett område med hög arbetslöshet, låg utbildningsnivå, många underkända elever och relativ fattigdom. Dessa områden utmärks också av en stor etnisk mångfald. Den etniska mångfalden är förstås inte det som gör området till ett utsatt område. Sernhede menar att unga i sådana områden är utbildningssystemets förlorare eftersom en väldigt stor del av eleverna inte når skolans mål. Mer korrekt är kanske att de tillhör utbildningssystemets förlorare.

Det är väl känt att elever med annan etnisk bakgrund än majoritetssamhället, elever till föräldrar med lägre utbildningsnivå och pojkar är överrepresenterade i gruppen av elever som får särskilt stöd (se t.ex. Dyson, 2008). Sernhede är med rätta upprörd över den marginalisering ungdomarna i den studerade förorten är utsatta för och använder begreppet *territoriell stigmatisering* för att beskriva deras situation. Sernhede gör en intressant jämförelse med Paul Willis klassiska studie *Fostran till lönearbete* av arbetarungdomar i England i början av 1970-talet. Detta var innan industrijobben började försvinna från västvärlden där det fortfarande fanns en stark kollektiv arbetaridentitet. Ungdomarna i Willis studie upplevde sig närmast överlägsna skolan och gjorde motstånd mot den. Som Willis visar innebar dock deras agerande att de som titeln illustrerar till sist socialiserades in i en underordnad position som lönearbetare.

I jämförelse med gruppen i Willis studie menar Sernhede att ungdomarna i den utsatta förorten trivs bra i skolan även om de har bristfällig motivation för studierna. Sernhede menar vidare att de uppfattar sig som marginaliserade och att de har svårt att se att skolan skulle öka deras livschanser. Samtidigt menar han att lärarna i skolorna där eleverna går är kompetenta även om inte skolornas sätt att arbeta står i fokus för hans analys (se temanummer "Förorten och skolan" i *Utbildning & demokrati* för mer utförliga beskrivningar av skolorna). Det är enligt Sernhede alltså inte lärarna som är orsak till bristande måluppfyllelse hos eleverna. Bristerna förklaras utifrån andra faktorer:

> De är en effekt av samhälleliga processer utanför skolan. Merparten av de unga ser att invandrarskapet innebär en tillvaro som en andra klassens medborgare. (s. 18)

Det Sernhede efterlyser är att skolorna i högre grad lyfter in elevernas erfarenheter i skolan. Som ett exempel skriver han om det hiphopkollektiv bestående av ca 20 unga män mellan 20 och 28 år som han följt. Sernhede menar att de unga männen inom ramen för detta kollektiv får en möjlighet att på ett meningsfullt sätt uttrycka sina erfarenheter och utvidga och utveckla sina kompetenser och att skolan bör ta vara på detta. Vidare bör skolan enligt Sernhede medvetandegöra eleverna om orsaker till deras strukturella underordning:

> För att få till stånd reella förändringar måste skolan i förorten bli en del av en bredare politisk mobiliseringsprocess, som också innebär att skolan på nytt öppnar sig för den verklighet, de frågor, de behov, det sökande och de drömmar som är de ungas i dessa områden. (s. 8)
>
> Vad skulle hända om skolan i förorten gick ut och sade sanningen? Alla har inte samma möjligheter, alla har inte samma chans på arbetsmarknaden, alla är inte lika inför lagen och så vidare. Vad skulle hända om skolan arbetade med att undersöka vad som ligger bakom segregationen, inkomstklyftorna, diskrimineringen och så vidare? Vår uppfattning är att skolan skulle få den "cred" och den betydelse som den nu saknar. Det är ju just dessa frågor som de unga i hiphopkollektivet ställer sig, frågor som de inte fick svar på i skolan, frågor som handlar om deras liv och villkor. (s. 20)

Sernhede menar alltså att skolan kan göra en skillnad om den gör på ett annat sätt. Ett fundamentalt dilemma när det gäller strukturell underordning är att människor har många och fluktuerande identifikationer. Eller som Säfström (2006) uttrycker det i polemik med Mouffe (2005):

> Vad jag saknar hos Mouffe är en förståelse för kulturell hybriditet, det vill säga hur identifikation ständigt skapar nya mixar av givna kategorier och som därigenom inte låter det enskilda och unika subjektet fångas och uppslukas av de kollektiva identiteternas föregivna hierarki. (s. 108)

Det bör översatt till de ungdomar och unga män som Sernhede studerat innebära att det finns ett större komplex av identifikationer och även maktordningar än vad som illustreras inom ramen för hans artikel.[3]

Hur många elever erhåller kompensatoriska insatser?

I Sverige har man hittills sagt att drygt 15 procent av eleverna i grundskolan får särskilt stöd vid en given tidpunkt och lite drygt 40 procent får sådant stöd någon gång under sin grundskoletid (Göransson m.fl., 2011). Elever ska få särskilt stöd när de riskerar att inte nå målen. Framför allt brukar särskilt stöd ges när eleven är i farozonen för att inte nå målen i svenska/svenska som andraspråk, matematik och engelska eller av andra skäl behöver stöd (se kapitel 2). Därutöver går 1,5 procent av eleverna i särskolan vilken kan ses som en kompensatorisk insats och ett fåtal elever går i specialskola. Flera faktorer pekar mot att alltfler elever kommer att behöva ett särskilt stöd, framför allt då det nu krävs godkänt i fler ämnen än tidigare för att nå gymnasiebehörighet samtidigt som kunskapskraven "höjs" och det finns tendenser till att betygsinflationen åtgärdas (Skolverket, 2009). Dessutom har andelen elever som får särskilt stöd inom ramen för gymnasiet ökat betydligt eftersom nästan alla ungdomar i dag går på gymnasiet (Möllås, 2010). Sammanfattningsvis erhåller många elever i dagens svenska skola kompensatoriska insatser. Vi bör givetvis ha i åtanke att det finns många elever som aldrig får behov av kompensatoriska insatser där det finns ett välfungerande förebyggande arbete. Hur många barn med svårigheter finns det då inom förskolan? Sandberg (2009) menar att ungefär 20 procent av barnen definieras som barn med funktionsnedsättning eller som "gråzonsbarn" av förskollärare.

3 Det är t.ex. en manlig värld som skildras, framför allt genom artikelns fokus på hiphopkollektivet och i jämförelsen med de unga männen i Willis studie.

Hur som helst innebär kompensatoriska insatser en inte ringa omfördelning av ekonomiska medel. Som Skolverket (2009) visar är det dock så att områden med många elever med kompensatoriska behov får mindre av denna omfördelning än deras andel av elever med stödbehov skulle berättiga dem till. Strängare krav på skolans kompensatoriska insatser skulle, allt annat lika, innebära att ännu mer resurser satsades eller att befintliga resurser omfördelades. I vilken mån lyckas de kompensatoriska insatserna? Det är en fråga som är mer komplex än man kan tro och som kräver en analys av de faktorer som påverkar hur många elever som inte når målen. Det finns en rad faktorer utöver mängden av och kvalitén på de kompensatoriska insatserna som påverkar hur många elever som vid ett givet tillfälle kommer att vara i riskzonen för att inte nå skolans mål:

a) den årskurs då målen ska nås
b) de ämnen det gäller
c) hur svåra målen är
d) hur målen tolkas
e) undervisningens kvalité
f) elevens förutsättningar och erfarenheter
g) nivån på det ”normala” stödet
h) den allmänna utbildningsnivån i samhället.

Det är uppenbart att om vi lägger till fler mål och/eller sätter kriterierna lägre eller högre för att ett barn ska lyckas så kommer vi, allt annat lika, att förändra andelen barn som kommer att vara i riskzonen för att inte nå målen. Det är också så att ju sämre undervisning som erbjuds barnen så kommer, allt annat lika, fler elever att hamna i riskzonen för att inte nå målen. Om alla elever ges en god undervisning kommer å andra sidan fler elever att nå målen. Det är alltså så att det oftast finns en rad olika faktorer som påverkar hur många som når målen (Ingestad, 2006).

Oavsett hur det svenska systemet ser ut i dag (vad gäller punkterna ovan) så är förstås svaret på frågan om de kompensatoriska insatserna är tillräckliga avhängigt vad vi anser att vi ska uppnå och förstås också av hur effektiva dessa insatser är. Om målet är att alla elever ska ha samma repertoar av kunskaper och färdigheter när de lämnar grundskolan är det uppenbart att de kompensatoriska insatserna inte är tillräckliga. Om målet är att alla elever ska uppnå gymnasiebehörighet är de kompensatoriska insatserna inte heller tillräckliga. Om de kompensatoriska insatserna ska kompensera för skillnader i föräldrars utbildningsnivå lyckas inte detta heller. Om vi tar alla de mål i beaktande som diskuterades i föregående kapitel får vi konstatera att det inte finns forskningsdata som gör att vi kan bedöma graden av måluppfyllelse på ett fullgott sätt.

Sammanfattning

I kapitlet diskuterar jag skolans kompensatoriska uppgift. En avgörande fråga är om skolans kompensatoriska uppdrag ska innebära att göra barn och elever mer lika eller om det i stället ska fokusera på att låta barn och elever behålla sin särprägel. Detta dilemma återfinns redan hos Dewey (1916/1997).

Det är svårt att tolka styrdokumenten i svensk skola på annat sätt än att det kompensatoriska uppdraget innebär att elever som inte når kunskapsmålen eller av andra skäl behöver särskilt stöd ska göras mer lika de andra barnen och eleverna. Jag konstaterar också att skolan inte lyckas med denna uppgift vad gäller kunskapsmålen och att det tyvärr är närmast omöjligt att avgöra om man gör det vad gäller skolans övriga mål. Peder Haug diskuteras som ett exempel på en teoretiker som mer betonar rätten för barn och elever att vara och förbli olika. Utifrån intersektionalitetsbegreppet diskuteras också likhet/olikhet på en kollektiv nivå.

Exkurs – en självuppfyllande profetia?

Det är svårt att undvika att i en diskussion om skolans kompensatoriska uppgifter göra några reflektioner i anslutning till den utbildningssociologi som fokuserar hur skolan återskapar sociala skillnader. Olika teoretiker har gett olika svar på frågan om hur sociala skillnader återskapas i utbildningssystemet. Ett av de mest inflytelserika namnen är engelsmannen Basil Bernstein vars teori om språkliga koder fick stort inflytande under 1970-talet (Bernstein, 2003). Något förenklat gick resonemanget ut på att medelklassens språk också var skolans språk. Begreppet ”elaborated code” betecknade denna typ av språkanvändning. I arbetarklassen användes ”restricted code”, vilken inte var gångbar i skolans värld. Således kunde det faktum att skolan reproducerade sociala skillnader återföras på språkanvändningen.

En annan teoretiker med stort inflytande är den franske utbildningssociologen Pierre Bourdieu. Han lanserade en intressant teori om olika typer av kapital (Bourdieu, 1986). Förutom det ekonomiska kapital som de flesta människor känner till menade Bourdieu att det finns andra typer av kapital såsom kulturellt kapital och socialt kapital. Bourdieu har ofta tolkats som en teoretiker som framför allt varit intresserad av att analysera hur samhällelig över- och underordning återskapas snarare än hur samhället kan förändras i en mer egalitär inriktning. Säfström (2007, s. 102) ger en personlig beskrivning av detta:

> Jag minns en förklaring av Bourdieus reproduktionsteorier i en av Uppsala universitets hörsalar under tidigt 1980-tal. Förklaringen var grundläggande och väl genomförd och vad jag som ung student förstod var att jag satt fast i deras karta av klassrelationer – de hade till och med förutsatt min klädsel och var jag bodde och ansåg sig veta vem jag var. Jag opponerade mig givetvis, spontant och från hjärtat, och fick alla att skratta för att jag förnekade det som för alla var så uppenbart. Om du är född träl ska du förbli träl.

Både Bernstein och Bourdieu har tolkats som teoretiker som betonar den sociala reproduktionen.[4] Om verksamma pedagoger ser sitt arbete i ett sådant ljus, det vill säga som ett led i återskapande av över- och underordning, riskerar detta att bli en självuppfyllande profetia. Om pedagoger inte tror att social förändring är möjlig blir den inte heller möjlig. Som framgår längre fram är en sådan sociologisk determinism inte ovanlig i skolan.

4 Broady (2008) argumenterar i en essä för att den tidige Bourdieu inte är den ensidige "reproduktionsteoretiker" han uppfattats som (jfr dock Sernhede, 2009).

KAPITEL 4

Vems är problemet?

En elev i fjärde klass och hennes föräldrar fick ett lite oroande besked vid ett utvecklingssamtal på vårterminen. Läraren påstod att ”flickan ligger efter i matematik”. Han menade att hon helt enkelt inte verkade speciellt intresserad av ämnet. ”Jag **fattar** inte matte”, sa hon själv och himlade med ögonen. Vad göra? Föräldrarna beslöt att på eget initiativ hjälpa henne under sommaren. Efter att ha varit bland de sista i klassen låg hon när höstterminen startade bland de första. Många år senare lyckades hon få MVG på Matematik E-kursen på gymnasiet, det vill säga en av de svåraste matematikkurserna i det svenska skolsystemet. I efterhand kan man konstatera att utvecklingssamtalet var en vändpunkt. Hon var just på väg att tillägna sig en negativ identitet som en elev som inte förstår matematik.[1] Hon placerade problemet i sitt eget huvud, hon var en som inte förstod matematik. Utifrån hennes utgångspunkt kunde människorna delas in i sådana som förstår respektive inte förstår matematik. Läraren verkade också dela denna föreställning och var frågande inför hur man skulle hantera denna bristande förmåga.

Som svar på frågan i rubriken kan man säga att problemet identifierades som elevens; helt uppenbart var hon både bärare av och orsak till problemet. Eller snarare kunde kanske orsaken tillskrivas naturen. Biologin delar ut vinstlotter och nitlotter. Eleven hade uppenbarligen dragit en nitlott vad gäller anlag för matematik. Åtminstone hade hon inte intresse för ämnet. Eftersom läraren var en auktoritet i sammanhanget med en lång erfarenhet

1 I det här kapitlet står inte barns egen syn på sina svårigheter i fokus, se Westling Allodi (2002) och Nilholm och Alm (2010) för analyser av barns egna uppfattningar om skolsvårigheter.

av att undervisa mellanstadieelever fanns det väl knappast något skäl att ifrågasätta hans bedömning? Men föräldrarna ville i alla fall pröva. Deras teori var alltså den motsatta jämfört med lärarens. De menade att problemet i och för sig var deras dotters i den meningen att det var hon som hade och upplevde svårigheter i matematik. Men de ansåg att den egentliga orsaken till problemet var att den undervisning hon erbjudits inte hade uppmärksammat hennes potential och lyckats motivera henne för ämnet. Det egentliga problemet var således i detta fall lärarens.

Individen som problem

Hur vi ser på skolproblemens natur är helt avgörande för hur vi ser på de svårigheter som elever blir bärare av (Tideman m.fl., 2004). Jag har tidigare varit inne på att förskolan och skolan har en tradition av att individualisera barns och elevers svårigheter. I vår forskning har vi i enkäter frågat många olika grupper i förskola och skola varför de tror att svårigheter uppstår. Vi har ställt frågan till skolchefer, rektorer i fristående och kommunala skolor och förskolor, ämneslärare, klasslärare, fritidslärare, förskollärare, specialpedagoger, speciallärare och assistenter. Vi har helt enkelt ställt frågor om hur vanliga olika anledningar är till att barn och elever behöver ett särskilt stöd. De olika grupperna har fått bedöma hur vanliga följande sex faktorer är till att elever behöver särskilt stöd i skolan:

1. Skolans mål är för svåra för dessa elever.
2. Dessa elever har individuella brister.
3. Skolan är dåligt anpassad för att hantera olikhet.
4. Dessa elever har brister i hemmiljön.
5. Vissa lärare har brister.
6. Vissa klasser fungerar dåligt.

Vi har också ställt frågor kring vilken betydelse medicinska diagnoser har och bör ha för att elever ska få särskilt stöd. Diagnostisering är ju ett tydligt sätt att placera problematiken hos individen. Därutöver har vi ställt en mängd ytterligare frågor om synsätt på och arbete med elever i behov av särskilt stöd. Här finns dock inte utrymme att redovisa utfallet av dessa enkätundersökningar.[2] Nu ska vi endast konstatera att det som vanligtvis anges som orsak till elevers svårigheter i enkäterna är faktorer som är knutna till eleven själv. Framför allt menar man att elevers individuella brister är orsak till skolsvårigheter. Också brister i hemförhållanden identifieras som en viktig orsak till elevers skolproblem. Det betyder inte att andra orsaker ses som oviktiga men de lyfts fram i mindre grad, speciellt sådana orsaker som skolan själv kan påverka, som lärares arbete och hur klasser fungerar.

Det finns en lång och "seg" tradition av att individualisera skolproblem i förskolan och skolan. Ett bristperspektiv dominerar i verksamheterna (Ainscow, 1998, Persson, 2007). Ibland benämns ett sådant bristperspektiv med andra namn såsom ett "kompensatoriskt" eller ett "kategoriskt" perspektiv. Oavsett vad vi kallar det innebär perspektivet att eleven ses som bärare av sina problem och orsaken till problemen lokaliseras till eleven och/eller dennes hemmiljö. Oftast hämtas vetenskapligt stöd för ett sådant synsätt från det medicinska och psykologiska området. Det betyder inte att alla inom dessa områden ser barnet/eleven som problembärare i förskola och skola eller att det inte finns perspektiv inom medicinen och psykologin som problematiserar bilden av eleven som problembärare. Men det betyder att bristperspektivet ofta hämtar argumentation från vissa traditioner inom psykologin och medicinen.

DIAGNOSENS ROLL

Diagnoser är ett tydligt uttryck för ett bristperspektiv. I skolans värld förekommer en rad diagnoser där utvecklingsstörning, autism/Aspergers syn-

2 I Göransson, Magnusson & Nilholm (inskickat manuskript) analyseras en enkät riktad till fristående skolor. Se Lindqvist & Nilholm (artikel accepterad för publicering) för analys av enkät till rektorer i den kommunala förskolan och skolan (för ytterligare en analys av rektorers arbete med elever i svårigheter, se Heimdahl Mattson, 2006). I Nilholm, Almqvist, Göransson & Lindqvist, manuskript a och b, analyseras förklaringar till skolproblem respektive synsätt på diagnoser från flera enkäter. Nilholm, Persson, Hjerm & Runesson, 2007, redovisar utfallet från en enkät riktad till Sveriges skolchefer och i Lindqvist, Nilholm, Almqvist & Wetso, 2011, analyseras enkätsvar från olika yrkesgrupper i den kommunala förskolan och skolan.

drom, AD/HD, hörselnedsättning och dyslexi kanske är de vanligaste. Alla dessa diagnoser innebär att barnet bär på ett problem som nästan alltid uppfattas vara till stora delar biologiskt betingat, vilket också understöds av beteendegenetisk forskning, även om man tvistar om hur stor betydelsen av biologiska faktorer är (Ljungberg, 2008). Många menar att diagnoser innebär en stigmatisering (Anspach, 1979) såtillvida att de pekar ut eleven som avvikande och som mindre värd. Det finns också många exempel på hur diagnostisering bidragit till att elever fått en förbättrad skolgång (t.ex. Hellberg, 2008).

Ibland talar man om funktionsnedsättningar snarare än diagnoser. I USA är man mycket benägen att kategorisera skolproblem i termer av funktionsnedsättningar och ungefär 10 procent av eleverna bedöms ha någon form av 'disabilitiy'. Stevenson & Stigler (1992) menar att det amerikanska utbildningssystemet är anmärkningsvärt benäget att förklara skolproblem utifrån individers brister. Det finns också starka krafter i Sverige som verkar för vad jag skulle vilja kalla en "funktionshinderisering" av skolproblem. Det finns krafter i samhället som verkar för att alltfler elever identifieras som elever med funktionsnedsättning, vilket innebär att elever med vad som uppfattas som problem gällande t.ex. koncentration, läsning och räkning i högre grad ses som elever med funktionsnedsättningar. Det finns ingen given gräns för vilka skolproblem som kan anses bero på funktionsnedsättningar hos individen och för hur många barn och elever som har funktionsnedsättningen. Det är förstås möjligt att identifiera ytterligare funktionsnedsättningar och skolans historia är full av tänkbara kandidater: allmänna inlärningssvårigheter, svag begåvning och så vidare.

Inom den medicinska sociologin talas om en medikalisering av samhället (Conrad, 1975). *Medikalisering* innebär att olikheter i beteenden och tillstånd i högre grad kommer att uppfattas i termer av medicinskt definierade avvikelser och beskrivas med medicinska begrepp. Till exempel har missbruk av alkohol alltmer kommit att ses som ett uttryck för alkoholism snarare än som uttryck för låg moral eller dålig karaktär. Andra exempel på medikalisering är "spelmissbruk" och "sexmissbruk". Man menar att det inte handlar om sjukdomar som finns i en objektiv bemärkelse utan sjukdomarna konstrueras i sociala processer. Karin Johannisson (2006) talar i detta sammanhang om "kulturdiagnoser". AD/HD brukar användas som exempel på hur olikheter i samhället medikaliseras. Etableringen av den psykiatriska diagnosmanualen DSM har varit betydelsefull i denna process. Medan det i DSM-1 (1952) återfanns 106 diagnoser finns i den senaste versionen, DSM IV-TR, nästan 400. Vi ska inte glömma att när det gäller AD/HD så svarar de flesta barn och elever positivt på den medicinering som erbjuds i bemärkelsen att de får lättare att till exempel koncentrera sig. Det betyder att väldigt jobbiga livs- och familjesituationer kan förändras i en positiv riktning. Det finns en klar överrepresentation av till exempel självmord bland personer med AD/HD och medicinen blir mycket betydelsefull för många.

Ett annat exempel på en diagnos som verkar få ökande betydelse är ”trotssyndrom” som jag antar upplevs av många i Sverige som mycket tveksam. Kan barns trots ses som en psykiatrisk störning? Borde inte historien varna oss för att se trots och uppror ur en sådan synvinkel? Och har det inte mer allmänt med vår syn på barn och barns rättigheter att göra hur vi tolkar barns ”trots”? Men vi ska inte glömma att medikaliseringen av olikhet får till konsekvens att vi bokstavligen ser beteenden och tillstånd som individuella störningar. Det är på det sättet AD/HD alltmer börjar bli en del av vårt vardagliga språk.

FUNKTIONSHINDERISERING AV FÖRSKOLA OCH SKOLA

Jag vill pröva att använda begreppet *funktionshinderisering* i relation till förskolans och skolans arbete med barn och elever i svårigheter på ett sätt som påminner om hur man inom sociologin använder begreppet *medikalisering*. Anledningen till att jag vill använda ett annat begrepp är att funktionshinderisering på ett annat sätt än medikalisering öppnar upp mot andra diskurser. Medan medikalisering pekar mot medicinens dominerande ställning handlar funktionshinderisering mer om hur olika professioner ska kunna samarbeta (i både forskning och praktik) kring skolproblem. Givetvis tar funktionshinderiseringen sin utgångspunkt i en medicinsk diskurs i den bemärkelsen att den utgår från olika problemgrupper som identifierats på medicinsk grund. Men problembeskrivningen lämnas inte enbart till det medicinska fältet utan miljön ses som betydelsefull för vilka konsekvenser funktionsnedsättningen får. Miljön tillförs oftast så att säga i andra hand, sekundärt, till funktionsnedsättningen.

Ainscow (1998) noterar att risken är att ett sådant perspektiv ofta i realiteten endast blir en variant av ett bristperspektiv.

Det finns flera olika varianter av hur miljöns inflytande tolkas inom ramen för ett funktionshindersperspektiv. Ett nytt klassifikationssystem ICF-CY[3] (se Pless och Granlund, 2011, för en introduktion) föreslås av många som ett nytt språk för att tala om svårigheter bland annat i förskola och skola (Simeonsson, Simeonsson och Hollenweger, 2008). ICF-CY har arbetats fram inom WHO. Precis som i Skolverkets anvisningar för åtgärdsprogram vill man med ICF-CY analysera hela elevens situation vilket många bedömer som positivt (se t.ex. Rosenqvist, 2007). Det finns dock på nuvarande stadium också flera problem med ICF-CY varav de mest utmärkande är:

1 Det är mycket omfattande och har en slagsida mot medicin/biologi.
2 Det innehåller ingen tydlig teori för hur funktionshinder uppstår och är på så sätt helt beroende av den teori som den som använder systemet har.
3 De grundläggande begreppen är inte tydligt definierade (exempelvis begreppen "delaktighet" och "aktivitet").
4 Den del av ICF-CY som ska användas för att kartlägga faktorer i skolmiljön är minst sagt otillräckligt utvecklad.

Att i en sådan situation påstå att ICF-CY är ett nytt språk är kanske lite brådmoget. Inte heller relateras ICF-CY tydligt till de "språk" som redan används i den svenska förskolan och skolan (t.ex. i användandet av åtgärdsprogram, se nedan). Däremot kan förstås ICF-CY bli en positiv kraft i den mån användningen av systemet de facto kommer att innebära att bättre fungerande läromiljöer utvecklas, vilket bland annat beror på vilken teori användaren av systemet arbetar utifrån. Positivt är också att betydelsen av elevens engagemang i sin livssituation har lyfts fram i den svenska tolkningen av det nya klassifikationssystemet.

3 International Classification of Functioning, Disability and Health, version för barn och ungdom (se Pless & Granlund, 2011).

Som jag tidigare diskuterat ligger dynamiken i förståelsen av skolsvårigheter i vad som identifieras som problematiskt. Det är således inte det specifika klassifikationssystem som används som är det mest avgörande utan i stället hur problemet identifieras i den underliggande teoretiska modell man arbetar utifrån. Alla modeller ”slåss” mer eller mindre explicit med denna fråga. I ett funktionshindersperspektiv brukar man skilja mellan funktionsnedsättningen och funktionshindret där funktionsnedsättningen är den brist som kan lokaliseras till individen medan funktionshindret uppstår i individens relation till miljön. Detta är ofta en fruktbar distinktion. En elev kan till exempel ha en medfödd hörselnedsättning. Men om eleven har en hörapparat och miljön anpassas även på andra sätt behöver inte funktionsnedsättningen leda till ett funktionshinder. Funktionshinderiseringen innebär att en mycket stor del av elevers svårigheter kopplas till idén om funktionsnedsättningar. Som i mitt exempel menar man vanligtvis att funktionsnedsättningen då kan kopplas till bakomliggande biologiska problem. Problem med att avkoda skrivet språk, att förstå innehållet i skolans ämnen och/eller att bete sig på det sätt som förväntas i skolan (koncentrera sig och styra sin aktivitet enligt de normer som förespråkas) kan således komma att alltmer ses i ljuset av ett funktionshindersperspektiv. Det betyder att en betoning läggs vid funktionsnedsättningar hos elever som får svårigheter inom dessa områden.

Inom OECD har en indelning i tre olika slags orsaker till att elever hamnar i svårigheter föreslagits (Ebersold & Evans, 2008):

1 funktionsnedsättningar
2 inlärningssvårigheter
3 otillräckliga möjligheter.

Tyvärr är det så att de skolproblem som kan ses som orsakade av otillräckliga möjligheter lätt riskerar att klassificeras som om de beror på funktionsnedsättningar eller inlärningssvårigheter. Det kanske främsta skälet till att vara kritisk till en långtgående funktionshinderisering av svensk skola är barn- och elevperspektivet, eftersom tillskrivandet av funktionsnedsättningar riskerar att låsa in eleven i en avvikaridentitet. Återigen är det viktigt att betona att det finns elever som har tydliga funktionsnedsättningar och att en alltför långtgående socialkonstruktivistisk utgångspunkt riskerar att inte uppmärksamma detta (Nilholm, 2006b och 2007). Det är också så att elever har rättigheten att få ett erkännande för sina svårigheter. Men samtidigt ger diagnoser/funktionsnedsättningar få implikationer för hur undervisningen ska gestaltas.

I den svenska skolan har som redan nämnts diagnoser och funktionsnedsättningar haft en begränsad betydelse enligt gällande lagstiftning. Diagnoser och funktionsnedsättningar har betydelse för:

a) inskrivning i särskolan
b) inskrivning i specialskolan
c) att erhålla stöd från specialpedagogiska skolmyndigheten (SPSM).

I övrigt är det kategorin ”elev (barn) i behov av särskilt stöd” som använts. Skälen som framförts för att använda denna kategori är att den inte stämplar eleven/barnet utan denne har möjlighet att ”lämna” kategoriseringen. Vidare visar den på omgivningens betydelse då den inte lokaliserar problemet till individen som i den tidigare kategoriseringen ”elev med särskilda behov”. Men det finns i dag alltså starka krafter som vill identifiera alltfler barn/elever som barn/elever med funktionsnedsättningar. Den starkaste kraften i denna utveckling är förmodligen att ett neuropsykiatriskt synsätt på olikhet vunnit mycket terräng under en längre tid inte bara inom den medicinska vetenskapen utan mer generellt. Detta är en global utveckling. Samtidigt har alltså de nya styrdokumenten för det svenska utbildningsväsendet till stora delar behållit tidigare definitioner av och formuleringar kring elever i behov av särskilt stöd (se kapitel 2) även om återinförandet av speciallärare i skolan skulle kunna tolkas som en ideologisk omsvängning mot en ytterligare individualisering av skolproblem (se senare avsnitt i detta kapitel).

POSITIVA OCH NEGATIVA SIDOR

En positiv sida med diagnoser och identifiering av funktionsnedsättningar som brukar föras fram är att de tydliggör stödbehovet. Det är också så att diagnoser mycket ofta gör det lättare att få stöd och i vissa kommuner ställs numera närmast krav på diagnos för att särskilt stöd ska erhållas.[4] Det medicinskt influerade språket har en stark retorisk kraft eftersom den medicinska vetenskapen har en hög status. En hel del barn/elever har tydliga funktionsnedsättningar och det är viktigt för samhälle, föräldrar och barn/elever själva att detta erkänns. I dessa fall ger också funktionsnedsättningen en förklaring till upplevda problem. Vidare underlättar identifieringen av olika grupper i vissa fall en kartläggning av området. Ibland är det också så att identifieringen av funktionsnedsättningar bidrar till att hjälpmedel kan tas fram och att undervisning och stöd kan anpassas till gruppen i fråga.

De som är emot en långtgående identifiering av en stor mängd barn och elever i svensk förskola och skola som funktionsnedsatta menar att barns/elevers stödbehov kan identifieras på andra och mindre stigmatiserande sätt. De anser att användning av begrepp som funktionshinder och funktionsnedsättning röjer vägen för ett bristperspektiv, att den brist som identifieras som elevens funktionsnedsättning i stället kan vara orsakad av faktorer utanför denne samt att "funktionshinderiseringen" av skolan har lite implikationer för hur skolan ska lägga upp sin verksamhet.

Identifieringen av diagnoser/funktionsnedsättningar gör ofta att elevers stödbehov blir mer uppmärksammat. Samtidigt så är det förstås oetiskt om elever ibland blir identifierade som orsaker till en problematik som har att göra med att de inte fått gynnsamma möjligheter. Detta är en allvarlig invändning. Allvarligt är också att diagnoser/identifiering av funktionsnedsättningar har ett begränsat värde när det gäller hur dessa barn och elever ska undervisas och bemötas i skola och förskola (se kapitel 5). Det är förstås så att diagnoser innehåller information som är nyttig för skolpersonal att känna till och som inte alltid uppmärksammas. Ett barn/en elev med allergi måste ha en anpassad miljö och miljön för en elev som är rullstolsburen måste vara tillänglig. Vidare signalerar diagnosen Asperger att barnet/eleven i fråga upplever problem vad gäller sociala relationer och AD/HD indikerar problem med uppmärksamhet och/eller hyperaktivitet.

4 Detta går alltså emot de riktlinjer som finns i styrdokumenten (se kapitel 2 och 3) och också emot Skolverkets intentioner (se Skolverket 2008a och 2008b).

När det gäller frågan om hur undervisningen ska läggas upp är den mycket mer komplicerad och diagnosen/funktionsnedsättningen har med vissa undantag begränsade implikationer. Risken med att utgå från funktionsnedsättningen är att pedagogiken härleds från individens egenskaper utan att det större skolsammanhanget uppmärksammas. I stället för att försöka anpassa undervisning och lärande så att skolan kan nå alla elever skapar man specifik undervisning för specifika elever. För att återknyta till terminologin som användes i kapitel 2 handlar det alltså då om att skapa speciella miljöer som är anpassade för dessa barn och elever som identifierats som avvikande eller om att integrera dem i en miljö som inte är anpassad till elevers olikhet. I balansgången mellan att lyfta fram elevers likheter respektive olikheter riskerar lärare och övrig skolpersonal att alltför mycket lyfta fram det som skiljer elever åt.

PROBLEMBÄRARE OCH PROBLEMETS ORSAK

Medicinska diagnoser eller funktionsnedsättningar är dock inte nödvändiga för att placera problematiken hos eleven. I exemplet som inledde kapitlet behövdes ingen diagnos för att individualisera problemet. Det finns en hel uppsättning begrepp i skolans värld som placerar problemet hos eleven: ”omotiverad”, ”lat”, ”bråkig”, ”aggressiv”, ”svag” o.s.v. Nu kan dessa begrepp förstås användas utan att eleven ses som en orsak till det tillstånd de betecknar. Därför kan det vara på sin plats att något utveckla skillnaden mellan att vara *bärare* respektive *orsak* till problemen. Det kan också vara viktigt att tydliggöra skillnaden mellan problems orsak och hur de kan bemötas. Att elever blir *bärare* av skolproblem är förmodligen något de flesta kan enas om. Att elever som hamnar i svårigheter behöver hjälp och stöd är också något som de flesta åtminstone i teorin håller med om.

Betydligt mer kontroversiell är frågan om vad som *orsakar* problemen och hur de ska bemötas. Jag skulle till och med vilja påstå att i denna fråga bryts olika världsbilder. Hur vi ser på orsaken till barns och elevers svårigheter och hur problemen ska hanteras har att göra med hur vi uppfattar förskolan och skolan, deras roll i samhället och barns och elevers rättigheter och skyldigheter. Eftersom förskolan och skolan vilar i en tradition där orsaker till problem tillskrivs andra omständigheter än det egna sättet att fungera kommer beteendet hos barn och elever som beskrivs som ”omotiverade", "lata", "bråkiga" och "aggressiva" oftast att förklaras i termer av brister i deras hemmiljö och/eller som mer eller mindre stabila individkarakteristika. I ett sådant tänkande ligger diagnoser nära till hands. Ofta är detta synsätt också förknippat med tanken att det är individen som behöver åtgärdas. Här finns vad kan uppfattas som en paradox då flera av de forskare som menar att diagnoser som till exempel AD/HD är biologiskt betingade samtidigt lyfter fram betydelsen av förskolans och skolans arbete. Samtidigt som signalen till förskola och skola är att detta handlar om tillstånd som till stora delar är biologiskt determinerade menar de att det är avgörande hur miljön gestaltas.

ÅTGÄRDSPROGRAM – ETT TVEEGGAT INSTRUMENT

Om vi uppfattar skolproblem som individuella problem blir det alltså naturligt att sätta in åtgärder för att förändra elevens situation. Av den svenska lagstiftningen framgår det att en elev som behöver ett särskilt stöd ska få ett åtgärdsprogram. Det ska utarbetas i samarbete mellan skolan, hemmet och eleven själv. Åtgärdsprogrammet ska vara en garant för att eleven får det stöd hon/han behöver. Detta är en viktig funktion med åtgärdsprogrammet, inte minst för att många barn i skolan inte får adekvat stöd. Nu finns det många andra aspekter av åtgärdsprogram som är lite mer problematiska. För det första är själva beteckningen tveksam. "Åtgärd" associeras lätt till ett apparattänkande. Man åtgärdar teveapparater, tvättmaskiner och så vidare. Men barn/elever? Numera ska alla barn ha en individuell utvecklingsplan (vilket inte ändrar det faktum att elever i behov av särskilt stöd ska ha ett åtgärdsprogram) och det ordet har åtminstone i mina öron en behagligare klang. Ännu bättre vore kanske om den engelska benämningen 'individual educational plan' (individuell undervisningsplan) använts eftersom det då framgått tydligare att det handlar om undervisning snarare än utveckling.

Än värre är kanske att åtgärdsprogrammet genom att vara knutet till individen ofta innebär att orsaker till problem såväl som åtgärder också rutinmässigt förläggs till individen. Detta är, som framgår längre fram i boken, inte avsikten med att införa åtgärdsprogram. Men det är dock ett faktum, vilket konstateras av Skolverket (2008):

> Medan bestämmelserna om utarbetande av åtgärdsprogram förutsätter en allsidig utredning som innefattar en förståelse av elevens problem insatta i sitt sammanhang av undervisning och dess innehåll och metoder, grupp och organisation, visar analyser av åtgärdsprogram och arbetet med att utarbeta dessa, att omdömena uteslutande tycks fokusera individen och individens karakteristika och beteende. (s. 79)

Det bör dock påpekas att det finns de som tycker att det är viktigt att peka ut elevens problem och rikta resurser direkt till eleven. Eleven kan på så sätt få mer undervisningstid och få hjälp med att fokusera på arbetet. Emanuelsson m.fl. (2001) karakteriserar ett sådant tillvägagångssätt som ”mer av samma”. Som jag diskuterar i kapitel 5 har det visat sig svårt att hitta specifika undervisningsmetoder för specifika skolproblem. Men om det särskilda stödet leder till att eleven får ägna sig mer åt skoluppgifterna resulterar det ofta i ett ökat lärande. Men det särskilda stödet kan också innebära att eleven råkar ut för en pedagogik som inte möter hennes/hans behov. Det kan förstås också leda till att eleven känner sig utpekad och/eller tappar motivationen. Men det kan också betyda att eleven blir bärare av problem som har att göra med att skolan inte fungerat och/eller brister i den undervisningsmiljö som eleven är en del av.

I en studie av Bengt Persson (Skolverket, 2003) undersöktes med hjälp av en enkät förekomsten av och innehållet i åtgärdsprogram i den svenska grundskolan. Ett representativt urval av svenska grundskolor undersöktes. Intressant var att när skolorna själva uppgav vilka åtgärder som var vanliga i deras åtgärdsprogram så nämndes sådana som framför allt innebar att förändra elevens beteende, till exempel färdighetsträning (Lasse behöver läsa mer i sin bok), men också åtgärder riktade mot individens miljö, till exempel förändring av arbetssätt. När forskarna sedan i fallstudier av ett tiotal skolor följde upp de skolor som bedömdes arbeta med åtgärdsprogram på ett fruktbart sätt och undersökte *de åtgärdsprogram man faktiskt skrev* var den absoluta merparten av åtgärderna riktade mot individen![5] Det verkade alltså finnas en skillnad i vad man uppgett i enkäterna och vad man de facto gjorde. Nu finns det också en rad andra studier som visar på tenden-

5 Se Andreasson (2007) för en analys av åtgärdsprogram vilken också behandlar genusaspekter.

ser att individualisera skolproblem, både vad gäller orsaker och åtgärder. Också i forskningen finns en stark tradition av att betrakta svårigheter i skolan som individuella problem (Emanuelsson m.fl., 2001). Skolan verkar ha svårt att bryta traditionella mönster i sitt arbete med elever i svårigheter (Carlsson, 2010, Isaksson, Lindqvist & Bergström, 2007, Löfqvist, 1999) även om det förekommer utmaningar mot traditionen (Holmberg, Jönsson & Tvingstedt, 2005).

Men skulle det kunna se ut på något annat sätt? En del forskare som Oliver (1990) är mycket radikala i sin kritik av individualiseringen av skolproblem. Han menar att samhället generellt har en tendens att individualisera problem som skapas av övergripande strukturer för att på så sätt slippa åtgärda problemens verkliga orsaker. I ett sådant perspektiv bidrar specialpedagogiken till att problem individualiseras och till att åtgärder inte behöver sättas in där de "egentligen" behövs (Persson, 1998c). Det blir alltså intressant att fråga sig vad som händer om blicken lyfts från eleven och det sammanhang som eleven befinner sig i uppmärksammas. Samtidigt är det viktigt att inte glömma bort att en del barn och elever faktiskt har funktionsnedsättningar, ibland av ganska omfattande karaktär. Men även i dessa fall är det förstås viktigt att beakta hela barnets/elevens miljö (Hautaniemi, 2004).

Om vi återvänder till de studier som diskuterades inledningsvis i kapitlet och som handlar om hur personal i förskola och skola identifierar orsaker till svårigheter visar genomgången hittills att man i en bemärkelse inte har "fel". Forskning visar att medfödda förutsättningar och hemmiljön kan ha stor betydelse. Samtidigt är det förstås en stor risk med ett sådant synsätt eftersom det lätt blir en självuppfyllande profetia. Tror man inte att man kan göra skillnad så kan man förmodligen heller inte göra det (se Hattie, 2009). Forskningen visar också att det finns en mängd handlingar som lärare och personal i förskolor och skolor kan utföra som förbättrar situationen för barn och elever. Ofta kräver dock en sådan förändring att skolan problematiserar sin egen verksamhet och granskar den miljö eleven finns i.

Miljön som problem

Som jag nämnt tidigare är inte avsikten med åtgärdsprogram att åtgärderna ska vara enbart individinriktade. I stället påpekas i exempelvis Skolverkets allmänna råd för utfärdande av åtgärdsprogram (Skolverket, 2008) att åtgärdsprogrammet ska vara ett redskap att utveckla den pedagogiska verksamheten. Eftersom Skolverkets allmänna råd har en relativt stark juridisk ställning är de något skolan måste lyssna på. Av dessa råd framgår att skolproblem ska analyseras på individ-, grupp- och organisationsnivå. Idén om att elevers svårigheter måste åtgärdas på olika nivåer är inte ny inom skolan utan den började växa fram mot slutet av 1960-talet. Dock har detta synsätt uppenbarligen haft svårighet att få fäste i skolverksamheten.

Det är inte heller glasklart vad de olika nivåerna individ, grupp och organisation omfattar. Men de flesta skulle nog kunna vara överens om att åtgärder såsom fortbildning av lärare, arbete med skolans lärandekultur (jfr. Forbes, 2009) och översyn av anställningsrutiner räknas till *organisationsnivån*. Till *gruppnivån* räknas förändring av arbetssätt men också av klassrumsklimat, lokaler, rutiner i klassen, regelsystem i klassen och elevers möjligheter till inflytande. Kort sagt handlar det om faktorer som berör hela undervisningsgruppen och därför omfattar det också ett flertal faktorer varav några av de viktigaste exemplifierats här. Till *individnivån*, slutligen, räknas åtgärder som framför allt handlar om hur individen ska förändra sig, t.ex. genom att ägna mer tid åt läsning, att jobba på att kunna koncentrera sig under längre tidsperioder och så vidare.

Nu finns det ingen tydlig skiljelinje mellan grupp- och individnivån. Om det i åtgärdsprogrammet skrivs att eleven ska jobba individuellt med specialpedagogen en viss tid i veckan så uttrycker detta förmodligen, men inte nödvändigtvis, en förändring i arbetssättet gentemot eleven. Dock innebär en sådan förändring av arbetssättet ingen förändring av den ordinarie undervisningen. Det kan tvärtom vara ett sätt att säkerställa att den ordinarie undervisningen kan fortsätta som tidigare om eleven upplevts störa denna ordning och/eller ansetts bromsa de andra elevernas utveckling inom området. Det kan således vara betydelsefullt att skilja på förändringar i arbetssättet som innebär att den ordinarie undervisningen förändras respektive sådana där den inte gör det.

Det finns som visats i flera studier och som även påpekats ovan en tradition att lämna den ordinarie undervisningen intakt när åtgärdsprogram skrivs. Det ligger också lite i åtgärdsprogrammets natur att åtgärderna tydligt ska kunna knytas till individens behov. Att då föreslå åtgärder på gruppnivå som har mer indirekta effekter för individen framstår kanske inte som lika handlingskraftigt. Och heller inte lika lätt att försvara i det fall som överklaganden till Skolverket sker. Då måste rektorer och lärare kunna svara för hur åtgärderna påverkar den specifika eleven.

Idén från myndighetshåll har varit att åtgärdsprogrammen utöver att tydliggöra stöd till den specifika eleven ska vara ett redskap för pedagogiska reflektioner och för att förändra undervisningen generellt. Men åtgärdsprogrammen verkar i praktiken ha inneburit att specifika åtgärder riktade mot individen i fråga dominerar, till och med i fall där skolmyndigheter varit ansvariga för att utveckla skolors kompetens att skriva åtgärdsprogram (Carlsson, 2008). Här är det åter viktigt att peka på att förekomsten av åtgärder riktade mot individen i det enskilda fallet kan vara mycket betydelsefulla och att en motsatt situation där inget stöd ges kan innebära en ren katastrof. Denna betoning av individens rättigheter är förstås oerhört viktig (se Paulsson, Magnusson, Stenberg & Ghomri, 2010 för en mycket användbar sammanställning av rättigheter för elever med funktionsnedsättning).

Men det finns också risk att ett ensidigt fokus på individen innebär att analys och åtgärder uteslutande riktas mot den enskilde individen. Eftersom åtgärdsprogram riktas mot en specifik elev har de dessutom en utpekande och potentiellt stigmatiserande effekt. Men finns det andra sätt att få barns och elevers svårigheter att bli mer av en motor i förskolans och skolans förändringsarbete? Uppenbarligen är det väldigt svårt att bryta skolans traditioner att framför allt se eleven som orsak och bärare av sina skolproblem även när intentionen just är att ändra detta synsätt! Det är heller inte kartlagt huruvida åtgärdsprogram där miljöfaktorer uppmärksammas de facto leder till förändringar i till exempel arbetssätt och huruvida detta kommer elever tillgodo. Det finns goda skäl att anta att individualiseringen av problem handlar om djupt liggande tankestrukturer/kulturella mönster som inte lätt låter sig påverkas av införandet av olika föreskrifter och planer. Hirsh (2011) visar att problem individualiseras också inom ramen för individuella utvecklingsplaner.

Skolor som problem

I USA antogs 2001 en lagstiftning kallad No Child Left Behind. Det låter väl inte så dumt utifrån de diskussioner som förts i denna bok? Ingen elev ska hamna på efterkälken. Benämningen kan sättas i relation till den diskussion som förs i kapitel 3 och som handlar om målet för skolsystemets kompensatoriska arbete. Kanske svarar uttrycket mot idén om att alla elever ska nå målen? Det betyder definitivt inte att alla elever ska ha samma kompetens efter genomgången grundskola. Men det kan ses som en starkare formulering jämfört med den svenska läroplanen där det står att alla elever ska ges möjligheter att nå målen. No Child Left Behind är en mycket omfattande lag och här ska inte göras något försök att beskriva hela lagstiftningen, men några tendenser i den ska diskuteras.[6] Lagen gör nämligen i högre grad än i Sverige skolor och därmed rektorer ansvariga för elevers resultat. Tanken med No Child Left Behind är att genom en stark resultatstyrning av skolor förbättra deras resultat. Eftersom skolor lyckas olika bra under liknande förutsättningar framstår det som om skolor bör ha ett tydligt ansvar för sin verksamhet. Om skolors prestationer däremot endast speglade det elevmaterial skolan har att jobba med skulle vi inte kunna ställa några krav på skolor.

När myndigheter börjar uppmärksamma skolors och därmed rektorers betydelse för elevers prestationer ligger det nära till hands att försöka styra deras arbete. Det är just det som skett genom No Child Left Behind. Till exempel sätts resultatmål för varje skola. Man ska till och med sätta upp sådana resultatmål, eller kanske snarare produktionsmål, för olika grupper av elever. Utifrån ett års resultat kan då myndigheter utkräva en förbättring för de olika grupperna av elever, t.ex. 'hispanics' och elever i specialpedagogisk verksamhet. Om en skola misslyckas med att uppnå målen kan varningar utdelas och så småningom kan skolan riskera att bli nedlagd. Lärare har också blivit tvingade att visa hur deras sätt att undervisa bygger på befintlig forskning. Praktiken ska således kunna visas vara "evidensbaserad", ett begrepp som jag går i närkamp med i nästa kapitel.

Till saken hör att i USA har skolor i rikare områden ofta mest pengar. Vissa omfördelningar sker, men många i Sverige skulle förmodligen upp-

6 Min diskussion bygger till stora delar på Darling-Hammond (2007).

leva resursfördelningen i vissa delar av det amerikanska skolsystemet som djupt orättvis medan andra delar är mer lika det svenska systemet. Om No Child Left Behind var tänkt som ett sätt att ge alla amerikanska barn en god skolgång har systemet enligt vissa bedömare haft mycket nedslående konsekvenser. Till exempel har duktiga lärare undvikit socialt utsatta områden eftersom skolor där riskerar att läggas ned. Att ha arbetat vid en skola som visat sig så undermålig att den läggs ned är således inte betraktat som en merit. Andra negativa konsekvenser som kan lyftas fram är en stundtals extrem fixering vid så kallade basfärdigheter inom några få ämnen. Min poäng är här dock inte att redogöra för konsekvenser av No Child Left Behind utan att illustrera hur man kan tänka om elevers prestationer när man tydligt flyttar ansvaret för att elever inte når målen från eleven till skolan och därmed till ledningen för skolan. I Sverige finns motsvarande tendenser att vilja öka den centrala styrningen av skolsystemet.

Kanske är det så att skoleffekter till relativt stora delar motsvaras av att vissa skolledare är duktiga på att rekrytera duktiga lärare och/eller stimulera och utveckla sina lärare. Och gäller inte samma förhållande för förskolan? Det ligger en viss fara i att se lärarkompetens som en egenskap hos läraren. I stället är det möjligt att tydliggöra vad det är lärare *gör* som uppfattas som kompetens och de förutsättningar som ges för att lärares handlingar ska ge så gott utfall som möjligt. Om vi håller oss till sådana konkreta frågor undviker vi att stämpla lärare som mindre dugliga. I stället kan man tydliggöra goda pedagogiska handlingar som alla lärare kan tillägna sig. Det innebär också en större optimism när det gäller skolors möjligheter att utveckla verksamheten.

I perspektivet av att skolan har betydelse för elevers lärande är det lite oroande att den grupp i skolan som i minst utsträckning anser att skolan kan göra skillnad är rektorerna (Nilholm, Göransson, Lindqvist och Almqvist, under utgivning a). Vi kallar detta fenomen "skolledarparadoxen". Det är inte så att rektorer avviker påfallande från andra grupper i hur de ser på orsaker till skolproblem. De är ändå den grupp som i minst utsträckning menar att lärares och klassers fungerande skulle kunna vara orsaker till att elever får skolproblem. En stor mängd forskning visar också att rektorer har en stor betydelse för hur arbetet med elever i behov av särskilt stöd genomförs (se Larsson, 2008, och Lindqvist och Nilholm under utgivning).

Lek med tanken att du ska skriva ett åtgärdsprogram för en skola. Nu blir det viktigt att lärarna ska utvecklas, nå mål och delmål som är utvärderingsbara. Vi analyserar lärarens arbete på organisations-, grupp- och individnivå. Har läraren den grundläggande utbildning som svarar mot arbetsuppgifterna? Finns möjligheter till fortbildning? Är arbetsplatsen trivsam? Ger rektor ett bra stöd? Vilka möjligheter ges rektor att utvecklas? Ger organisationen möjlighet till handledning för lärare om så önskas? Hur fungerar det på gruppnivå? Har vår lärare tillgång till ett fungerande arbetslag? Bevistar lärarna varandras lektioner och diskuterar sättet att undervisa? Finns tillgång till arbetslag där lärare kan föra didaktiska diskussioner? Jag överlåter åt läsaren att föreslå åtgärder på individnivå. Min poäng med resonemanget är att vi aldrig ska försöka analysera elevers problem utan att också problematisera skolans ansvar. I viss forskning hävdas att elever som har liknande utgångsläge när de börjar skolan utvecklas i helt olika riktning beroende på om de har kompetenta eller mindre kompetenta lärare. Inte helt oväntat råkar de elever som har flera mindre kompetenta lärare i rad mest illa ut. Hattie (2009) redogör för en mycket stor mängd forskning som sammantaget övertygande visar på att vad läraren gör har oerhört stor betydelse för vad eleven lär.

Det går alltså att slå fast det alla som har gått i skolan förmodligen skulle kunna vittna om, d.v.s. att vad skolan gör har stor betydelse. Det står också mer och mer klart att elever inte är determinerade vare sig av sin sociala bakgrund eller av sina biologiska förutsättningar. Ett problem med begrepp som "elev i behov av särskilt stöd" och "åtgärdsprogram" är att de har som sin förutsättning att problemen redan har uppstått. Därför kommer diskussioner som handlar om denna grupp elever ofta att missa det som är viktigast, d.v.s. förskolors och skolors förebyggande arbete som gör att barn och elever inte hamnar i svårigheter. Därför blir det viktigt med ett skolutvecklingsarbete som syftar till att alla elever ska få en gynnsam skolsituation, helst innan elevernas möjlighet att nå skolans mål äventyras. Om exempelvis rektorer för och lärare inom förskolan ser till att barn på ett lekfullt sätt görs förtrogna med skrivna texter och lär dem lite om hur skriften är uppbyggd och hur ljud kan representeras av skrivna bokstäver blir barnen betydligt bättre förberedda för att möta skriftspråket i skolan (Lundberg, 2007). Det finns mängder av forskning som visar detta.

Om eleverna sedan möts av en skola som satsar på att utveckla sina lärare visar forskningen att läs- och skrivlärandet underlättas betydligt medan vissa lärarstrategier kan leda till närmast ökade svårigheter (Samuelsson och Eriksson Gustavsson, 2011). Som jag tidigare nämnt riskerar i idealfallet förmodligen en mycket liten del av eleverna att få sådana svårigheter med att avkoda skriven text som brukar förknippas med dyslexi. Ett liknande resonemang som gäller hur förskolor och skolor kan arbeta för att förebygga problem är tillämpbart på andra områden. Om skolor inte fungerar kan vi å andra sidan se dem som orsak till skolproblem. Viktiga aktörer i arbetet med barn och elever i svårigheter är förstås specialpedagoger i förskola och skola och speciallärare i skolan. Intressant nog har dessa båda yrkesgrupper kommit att representera två olika synsätt på hur skolor ska arbeta med barn och elever som är i svårigheter eller i riskzonen för att hamna i svårigheter.

Specialpedagog eller speciallärare?

Diskussionen om var problemet ligger när elever får svårigheter i skolan har ofta kopplats till en diskussion om huruvida speciallärare eller specialpedagoger ska ha ansvaret för arbetet med dessa elever. Den traditionella speciallärarrollen innebar framför allt att arbeta enskilt eller i grupp med elever i svårigheter. Specialpedagogrollen växte fram som en del av ett miljöperspektiv där det sågs som betydelsefullt att arbeta också med grupp- och organisationsnivån. Under senare år har en ny speciallärarutbildning startats. Medan utbildningen till specialpedagog sedan början av 2000-talet haft en generell inriktning har de nya speciallärarutbildningarna inriktningar mot olika specifika problemområden. Det är intressant och inte så lite skrämmande att iaktta de relativt enkla ideologiska ställningstaganden som används för att legitimera den ena eller den andra yrkesrollen när man betänker hur lite vi vet om vilka konsekvenser satsningen på specialpedagoger haft respektive vilka konsekvenser den nuvarande satsningen på speciallärare får.

Jag argumenterar för att elevers svårigheter kan orsakas av olika faktorer och menar att ett bristperspektiv fortfarande dominerar i skolans verksamhet. Därför tycker jag det är rimligt att hela skolans verksamhet prövas när vi analyserar och åtgärdar skolproblem. Men här finns ett dilemma för specialpedagoger eftersom de förväntas arbeta med skolproblem på alla nivåer (SFS 2006:1053) men möter en tradition där svårigheter till stora delar förstås som individuella brister hos eleverna. I skolan utvecklas en mikropolitik där olika gruppers intressen möts (Ball, 1987). Alla i förskolan och skolan är nödvändigtvis inte intresserade av att ompröva sitt arbetssätt när barn och elever hamnar i svårigheter. Det kan vara ett skäl till att det visat sig svårt att etablera nya roller för specialpedagogiskt arbete i Sverige (Malmgren Hansen, 2002) och internationellt (Abbot, 2007, Cole, 2005, Szwed, 2007a och 2007b). Andra skäl som brukar framföras är att specialpedagogen inte alltid har en tillräckligt hög status och ej heller alltid relevant ämneskunskap och didaktisk kunskap. Förmodligen är det också så att en del specialpedagoger inte vill arbeta utifrån den nya specialpedagogrollen.

Högskoleverket (2006) menar i en utvärdering av specialpedagogutbildningarna att för stor tonvikt lagts vid att arbeta med lärmiljön på bekostnad av arbetet som direkt riktar sig mot eleverna. I en annan undersökning (Nilholm, Almqvist, Göransson & Lindqvist, inskickat manuskript a) visar det sig som tidigare nämnts att rektorer är den grupp i skolan som är minst benägen att se lärares arbetssätt och/eller hur bra eller dåligt klasser fungerar som orsaker till att elever hamnar i svårigheter. Det betyder att de är den grupp som minst omfattar ett systemperspektiv på elevers svårigheter samtidigt som en del av dem (se Lindqvist & Nilholm, under utgivning) menar att specialpedagogen inte ska arbeta direkt med eleverna. De frågor som inställer sig är vad specialpedagoger i allmänhet gör och hur det arbetet kommer elever till godo. Det är viktigt att påpeka att flera specialpedagoger gör ett utmärkt arbete. Men rektorn är den som har det yttersta ansvaret för deras arbete och är också avgörande för möjligheten att etablera en ny yrkesroll (Larsson, 2008). Flera studier pekar mot att specialpedagogen fått utvidgade arbetsuppgifter men ytterligare forskning behövs för att närmare utröna vad detta inneburit för skolans verksamhet.

Ett liknande problem gäller nya utbildningar av speciallärare. Även om det av examensordningen för speciallärare framgår att också de ska arbeta med hela lärmiljön (SFS 2008:132) är frågan om de får möjlighet till detta när de kommer ut i en skolverklighet där bristperspektivet står starkt. Inte minst finns det förmodligen förväntningar på många håll att specialläraren ska arbeta med eleverna och avlasta klass- och ämneslärare. Innebörden av reformer tenderar att förskjutas när de blir verklighet (Kelchtermans, 2007).

Sammanfattning

I kapitlet diskuterar jag olika förklaringar till elevers svårigheter. Inledningsvis slår jag fast att var lärare och personal i skola och förskola placerar problem är av avgörande betydelse för hur vi ska åtgärda dem och vems ansvar problemet blir. Sedan diskuterar jag i tur och ordning tre olika ”platser” dit skolproblem kan förläggas: 1) individnivå, 2) miljönivå och 3) skolnivå. Vanligt i skolans historia och också i dag är att skolproblem ses som orsakade av individfaktorer. Jag diskuterar en pågående ”funktionshinderisering” av svensk skola vilken innebär att alltfler svårigheter i skolan ses som orsakade av funktionsnedsättningar hos elever vilket i sin tur kan innebära att miljön problematiseras i mindre utsträckning. Klassificeringssystemet ICF-CY kan potentiellt öka möjligheten för att miljöfaktorer också problematiseras samtidigt som några brister i systemet identifieras. Precis som i ICF-CY är det i åtgärdsprogram meningen att elevers svårigheter ska analyseras på flera nivåer. Innebörder och konsekvenser av att analysera svårigheter på olika nivåer behandlas i kapitlet. Mycket tyder på att det är djupt liggande strukturer som gör att svårigheter individualiseras i förskola och skola. Sådana strukturer är förstås relaterade till hur samhället i stort är organiserat, vilket dock inte fokuseras i detta kapitel (se i stället kapitel 3).

Avslutningsvis diskuteras frågan om huruvida specialpedagoger eller speciallärare ska arbeta med elever i svårigheter. Medan denna fråga har en stark ideologisk laddning argumenteras för att det mest betydelsefulla är att svårigheter analyseras på olika nivåer och att den som gör detta har rätt kompetens för uppgiften. Hur arbetet med elever i svårigheter gestaltas är viktigare än vad de som utför detta arbete kallas även om beteckningen ”speciallärare” har sitt ursprung i en tradition där skolsvårigheter individualiserats.

Exkurs – kan alla lära sig allt?

Den store didaktikern Comenius menade att man i princip kan lära alla allt (Kroksmark, 1997). Med den utgångspunkten är det hinder i miljön som gör att elever får problem att nå målen. Som vi kan konstatera har ett bristperspektiv ofta varit dominerande i praktiken. Men i teorin har många i likhet med Comenius menat att det är miljön och inte de medfödda förutsättningarna som begränsar barnets möjligheter. Under senare år har biologiska förklaringar till barns tillkortakommanden inom skolan blivit vanligare, t.ex. i form av diagnoser som AD/HD och Aspergers syndrom. Det förekommer också diagnoser såsom dyslexi som har med själva lärandet att göra. Dyslexi ses då framför allt som en biologiskt orsakad svårighet att avkoda skriven text (ibland används begreppet *språkbiologiskt funktionshinder*) snarare än ett problem som orsakas av att miljön inte erbjuder tillräckligt gynnsamma möjligheter för elever att lära sig avkoda skriven text. Intressant nog kan biologiska förklaringar leda till samma determinism som de utbildningssociologiska förklaringar som diskuterades i avsnittet Exkurs i kapitel 3.

BIOLOGISMEN

I biologismen ses samhället ofta som en form av natur i den meningen att det "är som det är", d.v.s. man tar samhället för givet. Variation i mänskligt beteende försöker man då förklara utifrån biologiska skillnader. Om män och kvinnor gör olika saker i ett samhälle, såsom till exempel på 1960-talet då många kvinnor var hemmafruar och hade det övergripande ansvaret för hushåll och barnuppfostran, förklarar man detta utifrån biologiska faktorer, t.ex. hormoner. Dessa, snarare än uppfostran och maktförhållanden, får förklara varför män och kvinnor fungerar på olika sätt. Om elever har olika förmåga att avkoda skriven text letar man på ett liknande sätt efter de biologiska processer som gör att individer fungerar olika i detta avseende. I forskning som rör AD/HD-området pågår en ständig jakt efter en neuropsykiatrisk förklaring till varför vissa barn har svårt med att reglera uppmärksamhet och/eller är impulsiva och har svårt att reglera sin aktivitet. På detta sätt riskerar alltså biologismen att få liknande konsekvenser som den utbildningssociologiska determinism som vi diskuterat tidigare.

Vad skolan gör har liten möjlighet att påverka vad som redan är bestämt av samhällets sätt att fungera eller av biologiska funktioner.

Jag argumenterar tidigare för att utbildningssociologi i vissa tolkningar lätt blir en självuppfyllande profetia och samma sak kan alltså sägas gälla för biologismen. Om vi tror att det är biologiskt bestämt hur en person kommer att utvecklas så kommer vi att agera utifrån dessa förväntningar och på så sätt bidra till att våra förväntningar infrias. Det man ibland missar i biologismen är att människans värld är historiskt tillskapad och därmed aldrig kan behandlas som natur. Till exempel kommer de möjligheter som ges en individ att behärska skriftspråket att påverka om han/hon får problem med att koda av skriven text. Kommer vi då fram till den enkla sanningen att det är både individ och miljö det handlar om? Ja, de flesta skulle nog hålla med om detta. Det finns beteendegenetiker som med hjälp av vissa metoder räknar ut hur mycket i ett beteende som betingas av arv respektive miljö. Ofta resulterar detta i ganska höga skattningar för arvets betydelse. Jag skulle nog ändå vilja påstå att ett sådant sätt att se på saken fortfarande vilar på en idé om miljön som "natur", d.v.s. som något för utvecklingen givet.

I det här fallet kan "miljön" d.v.s. undervisningsmetoder ändras!!

ARV OCH MILJÖ – EN FÖRDJUPAD DISKUSSION

Jag tycker att fenomenet dyslexi på ett belysande sätt illustrerar hur komplext sambandet mellan biologi och kultur är. Dyslexi finns inte i kulturer som inte har utvecklat ett skriftspråk. Det blir därför svårt att säga hur stor del av dyslexin som ska förklaras av arv respektive miljö. Om vi i ett hypotetiskt och förstås höggradigt oetiskt experiment fördelar enäggstvillingar på så sätt att en tvilling får växa upp i en kultur med skriftspråk och den andre i en kultur utan skriftspråk, så kommer miljön att förklara i princip all variation i läsförmåga. Vidare är skriftspråkets struktur avgörande för hur många som, allt annat lika, kommer att utveckla dyslexi. Också de möjligheter som ges att möta skriftspråket och att rådbråka hur ljud och bokstäver träder i relation till varandra har betydelse för hur väl ett barn lyckas erövra skriftspråket. Vi kan alltså se biologi som något som realiseras på kvalitativt olika sätt givet de betingelser som föreligger i ett visst kulturellt och historiskt sammanhang. Sådana betingelser är skapade av människan som social varelse. Det betyder att när man exempelvis undersöker till hur stora delar ett visst beteende påverkas av arv respektive miljö[7] så gäller slutsatserna endast det urval av miljöer som finns representerat i undersökningen. Om vi till exempel undersöker arvets respektive miljöns betydelse för mängden blodfetter hos individer i Sverige visar det sig att arvet har en stor betydelse. Men om vi jämför blodfetter mellan individer i Sverige och Japan är det uppenbart att miljön har en jättestor betydelse vilken alltså inte visar sig om vi har en begränsad variation i de miljöer som är representerade i en undersökning. Om däremot ett beteende/tillstånd uppvisar en stark ärftlighet inom populationer och om förekomsten av beteendet/tillståndet är ungefär lika stor i olika populationer så talar det förstås i högre grad för biologiska orsaker, t.ex. schizofreni.

Just det kollektiva momentet i människosläktets utveckling och förmågan att vidarebefordra insikter från en generation till en annan som gör att barns utveckling i hög grad är ett kulturellt fenomen underskattas inom biologismen. I dag kan till exempel en elev med utvecklingsstörning i grundsärskolan stå i mailkontakt med en elev i ett land på andra sidan jordklotet. På så sätt kan han/hon sägas överträffa det hennes förfäder knappt kunde drömma om. Det är alltså viktigt att kunna se de fantastiska möjligheter som samhällets utveckling erbjuder för alla individer snarare än de skillnader i biologiska förutsättningar som gör att vi har olika begåvningar (Säljö, 2000, Wertsch, 1985).

KAN DÅ ALLA LÄRA SIG ALLT?

Att alla kan lära sig allt kanske synes vara en väl optimistisk målsättning. Men vi kan fråga: "Kan alla grundskolans elever nå målen?" Jag skulle vilja besvara frågan med att konstatera att vi inte vet detta. Vår utgångspunkt borde vara att avstå från utbildningssociologisk och biologisk determinism för att med stöd i mycket forskning konstatera att skolan kan göra en skillnad. Det finns många exempel på hur elever med föräldrar med så kallad låg utbildningsnivå lyckas i skolan. Det är förstås fördomsfullt att inte inse att det finns många föräldrar med låg formell utbildningsnivå som är både

7 Jag avser inte att här diskutera metodproblem som är förknippade med denna typ av studier utan vill illustrera en poäng av mer teoretisk natur.

kunniga inom olika områden och engagerade i sina barns skolgång. Det är förstås inte utbildningsnivån i sig som är den avgörande variabeln för det stöd elever erhåller hemifrån utan i stället vad föräldrar gör. Samtidigt kan verksamma lärare konstatera att elever har olika förutsättningar för olika saker. Ibland talas det om detta som olika former av begåvning. Eftersom begreppet "begåvning" spelat en ganska viktig roll i svensk utbildningshistoria kan det vara på sin plats att göra en liten utvikning kring det här. Efter utvikningen återkommer jag till frågan om huruvida alla grundskolans elever kan nå målen.

Ett argument för att skapa en gemensam grundskola var att den skulle kunna överbrygga motsättningar mellan olika klasser i det framväxande industrisamhället. Ett annat argument var att begåvningar skulle tas tillvara. I detta sammanhang myntades begreppet "begåvningsreserven" (Härnqvist, 1958). Begreppet antyder att det bland folket fanns begåvningar som riskerade att gå oupptäckta genom livet. Men vad är då begåvning? Begreppet hamnar farligt när biologismen. Begåvning framstår som något naturdrivet som bara vill fram. Samtidigt är en persons begåvning inom ett fält vid en given tidpunkt en kombination av personens anlag och de möjligheter som omgivningen erbjuder. Det är ofta svårt att på individnivå kunna identifiera vad som är vad i denna utveckling även om det i vissa fall, exempelvis vad gäller Mozart, förefaller som om anlagen spelat en avgörande roll. Hur som helst riskerar begreppet begåvning att biologiseras, inte minst på grund av begreppets rötter i biologiskt orienterade teorier om intelligens. Förmodligen skulle en del missförstånd undvikas om vi i stället talade om kompetens eller använde något liknande begrepp som tydliggör att det inte endast handlar om medfödda anlag.

Det vore dock förmätet att förneka, eller välja att inte uppmärksamma, att barn har olika förutsättningar när de till exempel närmar sig skriftspråket eller vad gäller att kunna koncentrera sig vid skolstarten. Vissa barn har till exempel en sådan ärftlig belastning att de trots att de kämpar med skriftspråket alltid upplever svårigheter kring detta även om de inte utvecklar dyslexi. Den betydelse som tillskrivs biologiska förutsättningar har ofta att göra med vilken profession som uttalar sig. Läkare och psykologer är ofta skolade i att se problem utifrån ett individperspektiv. En sociolog ser lättare samhälleliga förklaringar. Till saken hör att anlagens betydelse för olika diagnoser långtifrån är klarlagda. Frågan om alla elever kan lära sig allt måste förstås ändå besvaras med ett nej. Men frågan för grundskolan är om alla elever kan tillgodogöra sig de kunskaper och färdigheter samhället beslutar att de ska behärska. Här är det ganska lätt att konstatera att vi vet att skolan kan påverka mycket, framför allt genom lärarens arbete, och att betydligt fler kan lära sig betydligt mer än i dag. Risken med utbildningssociologisk och biologisk determinism är att skolan inte ser sina egna möjligheter.

Även lärare har olika egenskaper och förmågor, det som saknas, som kan hjälpa alla lärare att entusiasmera och stimulera elever att lära sig är läromedel som är anpassade till elevens intressen och läsförmåga och curriculum som är väl uttänkta.

Som det nu är, får läraren en notis med kunskapsmål, en lärobok och en klass elever att undervisa. Det är sedan upp till läraren att planera undervisningen och lägga upp lektioner.

KAPITEL 5

Lärararbetet och vetenskapen

En gång möttes jag av en grupp glada tredjeklassare som när de insåg att jag skulle vara deras vikarie jublade ”Jaaa, vi fick inte Maggan Bengtsson”! Det var alltså inget jubel som gällde min närvaro utan i stället frånvaron av denna Maggan Bengtsson. Det framgick att eleverna som verkade mycket öppna och frimodiga tyckte att Maggan Bengtsson var för sträng. Men, vem vet, hon kanske ”lärde ut” bra? Hur det än var med den saken så verkade det som om barnen, eller åtminstone några av dem, kände en viss rädsla för läraren.

De flesta skulle väl vara överens om att det inte är något vidare när barnen är rädda för läraren. På samma sätt kan vi konstatera att det förmodligen är bra om läraren är välutbildad, inkännande, har ordning på klassen, kan sina ämnen/sitt område, vet hur ämnena/området lärs ut, har humor, är välmotiverad och ägnar en stor del av sin arbetstid åt undervisning och förmår skapa arbetsro i klassrummet. En uppräkning av sådana egenskaper ser förmodligen lite olika ut beroende på tid och plats och vad som förväntas av samhället och skrivs fram i styrdokumenten (Brynolf, Carlström, Svensson & Wersäll, 2007). Vi kan gissa att förmågan att lära ut sina ämnen/sitt område samt förmågan att kommunicera med eleverna (Frelin, 2010) och att skapa delaktighet (Ahlberg, 2001), lust inför lärandet och arbetsro är några faktorer som lyfts fram i många sammanhang.

Men kan vi komma längre när det gäller lärares arbete än att försöka karakterisera vilka läraregenskaper som är viktiga? Kan forskningen ge ledtrådar till vad som är ett gott lärararbete? I fokus för det här kapitlet står frågan om och i så fall hur lärare kan använda resultat och insikter från forskningen i sitt arbete. Av skollagen (SFS 2010: 800) framgår att lärares arbete ska vila på vetenskaplig grund och beprövad erfarenhet. Begreppet *beprövad erfarenhet* brukar anses som svårt att definiera och diskuteras längre fram i detta kapitel. Tonvikten i kapitlet ligger dock på hur vetenskapen ska relateras till lärares arbete. Att kunna redogöra för på vilket sätt deras arbete vilar på vetenskap ställer stora krav på lärare. Framför allt frågan om hur vetenskapen kan relateras till det egna arbetet kan förväntas bli problematisk att svara på. Många lärare har en relativt oklar uppfattning om vad vetenskap är och tycker också att vetenskap är något som är svårt att relatera till det egna arbetet (Robertsson Hörberg, 1997). Även politiker och tjänstemän på olika nivåer i samhället är ofta påfallande obevandrade i frågor om vetenskapens möjliga roller i relation till skola och förskola.

Min gissning är att skrivningen i skollagen om vetenskaplig grund kommer att leda till en rad missuppfattningar och förenklingar på olika nivåer i utbildningssystemet. I detta kapitel försöker jag bena upp de olika sätt på vilka vetenskap kan förhålla sig till praktiken i skola och förskola. Tanken är att den lärare, beslutsfattare eller tjänsteman som läser kapitlet ska få en mer nyanserad bild av hur relationen mellan vetenskap och praktik kan se ut. Tyvärr är det ju så att det i diskussionen om skolväsendet ofta är förenklade resonemang som ges företräde. Men här finns inga genvägar utan för att skapa sig en välgrundad uppfattning om vetenskapens betydelse för arbete i skola och förskola måste vi ge oss in i en del ganska komplexa resonemang. Det finns också en hel del forskning om förskolan och skolan som mer indirekt berör lärares arbete (t.ex. forskning om utbildningspolitik) men sådan forskning diskuteras inte i det här kapitlet. Det är givetvis inte heller så att all forskning om förskola och skola ska ha som omedelbart mål att förbättra verksamheten utan en fri forskning innebär att forskaren själv kan formulera sina forskningsfrågor. I detta sammanhang brukar en del forskare skilja mellan grundforskning och tillämpad forskning, där den förra ses som mindre relevant för den dagliga verksamheten i utbildningssystemet.[1]

Bland forskare finns det inte oväntat olika uppfattningar om hur lärare bör använda forskning i sitt arbete. Vissa menar att det handlar om att överföra kunskap från forskningen till lärarkåren. Det blir delvis en teknisk fråga, det gäller att få lärare att arbeta med de arbetssätt som har

1 Tyvärr finns här inte utrymme för att problematisera distinktionen grundforskning/tillämpad forskning, men den är långtifrån oproblematisk.

stöd i forskningen. Detta är en gammal tankefigur som på senare år fått förnyad aktualitet i idén om så kallad *evidensbaserad pedagogik*. Samma idé har redan rönt stor framgång inom läkarprofessionen. En person som drabbas av exempelvis bröstcancer vill ju bli behandlad med bästa möjliga metod och inte vara hänvisad till den metod som används vid ett specifikt sjukhus såvida denna metod inte är den som visat sig mest effektiv. I dag läggs stor energi på att analysera olika forskningsfält för att ta reda på vilken metod/vilket arbetssätt som verkar fungera bäst. Och röster höjs för att också lärare ska använda metoder och arbetssätt som visat sig effektiva när de utprovats vetenskapligt. Med vetenskaplig utprovning har framför allt avsetts studier med kvantitativa data. Eftersom man allt oftare möter idén om så kallad evidensbaserad pedagogik är det viktigt att detta område diskuteras utförligt.

Många forskare inom det pedagogiska fältet i Sverige arbetar med *kvalitativa metoder*. Det innebär något förenklat ett intresse för att tolka människors meningsskapande snarare än för ett sökande efter objektiva samband mellan olika mätbara faktorer. Relationen mellan studier med kvalitativa data och lärares arbete diskuteras i det andra avsnittet nedan. Ett tredje sätt att närma forskningen till de problem som uppstår i lärarens arbete är att skapa mötesplatser mellan forskning och praktik där lärare ges utrymme för samtal kring hur deras arbete kan utvecklas. Ett fjärde synsätt innebär att själva forskningen måste ske i samspel med verksamma lärare. Det finns också de som menar att forskningen tillhandahåller begrepp och teorier som ger den verksamme läraren möjligheter att reflektera över sitt arbete vilket kan betraktas som ett femte sätt att se på relationen mellan forskning och lärares arbete. I kapitlet diskuterar jag dessa fem modeller för hur relationen mellan forskningen och verksamma lärare kan gestaltas. Utrymmet medger att bara några grundläggande aspekter av respektive modell berörs.[2]

2 Det är fullt möjligt att man skulle kunna göra en annan typ av indelning i modeller för relationen mellan forskning och praktik. Det är också viktigt att notera att alla fem modeller som presenteras här bygger på antagandet att forskningen och praktiken bör närma sig varandra. Två modeller för relationen mellan forskning och praktik som inte bygger på ett sådant antagande är a) att forskningen och praktiken är/bör vara oberoende av varandra och b) att forskningen är hindrande för praktiken.

Därefter argumenterar jag för behovet av en forskning som skulle kunna vara mycket användbar för verksamma lärare men som det finns för lite av i dag. Avslutningsvis i kapitlet lämnar jag delvis diskussionen om relationen mellan forskning och verksamhet och presenterar en tentativ modell för hur förskola och skola kan arbeta förebyggande för att undvika att fler barn och elever än nödvändigt blir i behov av särskilt stöd respektive hur man kan gå tillväga när barn/elever kommer i en situation där de behöver särskilt stöd. Det är inte några råd eller riktlinjer som kommer att ges utan en modell som vilar på en tillit till den kompetens och beprövade erfarenhet som finns hos många som är verksamma i förskola och skola.

Inte realistiskt!! Variationen är för stor!

Forskning och praktik – fem modeller

Rubriken signalerar nog en hel del av det som är problematiskt när det gäller förankringen av forskning i lärares undervisning. På typiskt akademiskt vis urskiljs snabbt en rad olika sätt på vilka man kan betrakta denna relation medan många verksamma lärare förmodligen vill ha svar på frågan: Hur ska jag använda forskningen? Verksamma lärare orienterar sig av skäl som kanske är naturliga sällan mot forskningen. Ett skäl till att inte orientera sig mot forskning är förmodligen svårigheten att se hur forskningen blir relevant i relation till vardagens klassrumsarbete. Ett annat kan vara att forskningen är svårtillgänglig, inte minst språkligt, och fylld av teknikaliteter. Som nämndes ovan finns det tyvärr inga genvägar. De lärare, politiker och tjänstemän som tar skollagens ord om vetenskaplig grund på allvar måste skaffa sig en välgrundad uppfattning om olika sorters forskning och de olika sätt som forskningen kan relateras till skola och förskola. Därför presenterar jag några grundläggande sätt att se på relationen mellan forskning och verksamheten i skola och förskola och diskuterar deras för- och nackdelar.

Evidensbaserad praktik

Ett alltmer vanligt sätt att se på relationen mellan forskning och praktik är förespråkandet av evidensbasering av skolans arbete. Diskussionen har hittills framför allt gällt skolans arbete men den är givetvis överförbar till förskolans arbete.

Det hela låter väldigt bra och vem vill inte arbeta utifrån bästa möjliga evidens? Det som brukar förespråkas är att alla studier av effekten av en viss faktor ska sammanställas, till exempel effekten av en viss undervisningsmetod. Det är viktigt att förstå att resonemanget innefattar olika nivåer. På nivå ett har vi studier av effekten av en viss faktor, till exempel en undervisningsmetod, nivågruppering, föräldrars utbildningsnivå, läxläsning eller vilken faktor vi nu är intresserade av. På nästa nivå sammanställer vi alla studier där effekten av en viss faktor undersökts, till exempel i en s.k. *metaanalys* (Hattie, 2009) eller i en *systematisk forskningsöversikt* (Mitchell, 2008). I en metaanalys räknar man ut den genomsnittliga effekten av en viss faktor över alla studier av den eftersom man är intresserad av att hitta styrkan i samband mellan t.ex. en undervisningsmetod och studieframgång. Hattie (2009) sammanställer över 800 metaanalyser av över hundra olika faktorers effekter på utbildningsprestationer. Betydelsefullt blir här vilka kriterier vi ställer på de studier som ska få ingå i metaanalysen och här finns det olika åsikter. En avvägning sker mellan å ena sidan önskvärdheten av att ha stränga kriterier för de studier som ska ingå och å andra sidan få med så många studier som möjligt.
Systematiska forskningsöversikter innebär att vi ställer upp ett antal kvalitetskriterier för vilka studier som ska ingå i vår forskningsöversikt. Det finns ingen logisk motsättning mellan metaanalyser och systematiska forskningsöversikter. Tvärtom är det fördelaktigt om det i metaanalyser ställs upp tydliga kvalitetskriterier för de studier som får ingå i metaanlysen (för en delvis annan åsikt, se Hattie, 2009). En systematisk forskningsöversikt kan inrymma metaanalyser om dessa når upp till de kriterier som ställs, det vill säga om de i metaanalysen ingående studierna klarar dessa kriterier. Det är också så att systematiska forskningsöversikter inte är begränsade till studier med kvantitativa data. Den grundläggande tankefiguren inom evidensrörelsen är till syvende och sist att resultat från forskningen ska sammanställas systematiskt för att man ska kunna dra slutsatser om hur praktiken bäst ska gestaltas.

Det är förstås värdefullt att sammanställningar av studier görs i form av metaanalyser och systematiska forskningsöversikter. Men det finns några grundläggande problem med idén att verksamheten i skolan ska evidensbaseras. Eftersom anhängare till idén om att skolväsendet ska evidensbaseras sällan går på djupet med de svårigheter som är förknippade med denna tanke kommer här att göras en grundlig genomgång av just dessa svårigheter. Därefter presenterar jag också ett antal positiva saker med evidensbasering. Avsnittet ska tolkas just som ett försök att se för- och nackdelar med tanken att verksamheten i skolväsendet ska evidensbaseras. De viktigaste invändningarna mot evidensbasering är att oftast enbart effekter på utbildningsprestationer har studerats. Ibland har man studerat effekter på andra mål, ofta beteenderelaterade och sociala mål, men det är alltid effekter på en begränsad del av skolans mål som undersöks. Detta är en mycket allvarlig invändning eftersom skolan ju bör utvärderas utifrån de mål för skolan som är bestämda i demokratisk ordning. Jag betraktar forskning där man studerar effekten av olika faktorer på t.ex. utbildningsprestationer som en sorts utvärderingsforskning. Intressant är att forskarna här för in en egen agenda för vad skolan bör syssla med. Inte sällan blir denna forskning en del av den resultatdiskurs som diskuterats tidigare.

Andra problem är att metaanalyser/systematiska forskningsöversikter över effekten av en viss faktor ger olika resultat. Det vore ju enkelt om effekten av en viss faktor var konstant från en gång till en annan och ibland finns det en sådan stabilitet. Till exempel är effekten av föräldrars utbildningsnivå ganska konstant hög medan effekten av nivågruppering regelmässigt är låg. Men för andra faktorer kan vi hitta ganska stor skillnad i effekter från en analys till en annan. Till exempel redovisar Hattie (2009, s. 208 f.) två metaanalyser av 'inductive teaching' (som är ett arbetssätt där elever från en undersökning av ett specifikt exempel ska lära sig en mer generell princip) där den ena visar stora och den andra små effekter.

Ytterligare ett problem är att det finns forskningssammanställningar som visar goda effekter av en enorm mängd faktorer. Risken finns förstås att skolan och den verksamme läraren drunknar när ställning ska tas till vilka av alla arbetssätt som ger positiva effekter som ska användas. Ännu en komplikation är att effekter av olika kombinationer av arbetssätt och metoder inte undersökts. En tumregel som brukar framhävas av många verksamma lärare är att det är betydelsefullt att behärska många metoder och arbetssätt och att kunna anpassa dem till den situation som är för handen. Men evidensen för kombinationer av metoder och arbetssätt är alltså oftast inte undersökt.

Vidare är området fullt av metodologiska svårigheter. Tyvärr har jag inte möjlighet att här gå in på alla dessa i detalj utan ska endast kort diskutera två. Om vi exempelvis vill undersöka vilken evidens det finns för olika sätt att arbeta med elever i behov av särskilt stöd så hamnar vi helt olika om vi

1 menar att det finns specifika metoder för denna grupp, eller
2 menar att metoder som passar andra barn och elever passar också denna grupp.

I det förra fallet måste vi då urskilja studier som fokuserar gruppen. I det senare fallet kan vi använda all tillgänglig forskning. Exemplet kanske egentligen lika mycket illustrerar ett teoretiskt problem som ett metodproblem.

Ett annat metodproblem blir synligt om vi analyserar effekter av 'direct instruction' med hjälp av tre olika metaanalyser/systematiska forskningsöversikter (Kavale, 2001, Mitchell, 2008 och Hattie, 2009). 'Direct instruction' sammanfattas av Hattie (2009, s. 206):

> In a nutshell: The teacher decides the learning intentions and success criteria, makes them transparent to the students, demonstrates them by modeling, evaluates if they understand what they have been told by checking for understanding, and re-telling them what they have been told by tying it all together with closure ...

Min avsikt här är inte att värdera denna strategi, de flesta skulle säkert hålla med om att den ibland skulle kunna vara användbar. Men det som är intressant i detta sammanhang är att i en metaanalys av effekten av minnes/visualiseringsstrategier av Mastriopieri och Scruggs (1989) används till stora delar 'direct instruction' som ett alternativ för kontrollgruppen, och här kommer 'direct instruction' ut väldigt dåligt! Men detta har inte uppmärksammats och kommenterats av vare sig Mitchell (2008) eller Hattie (2009). Den metodologiska svårighet som illustreras med detta exempel är att det är helt avgörande hur forskare väljer vilka studier som ska ingå i mer övergripande analyser och vilken tyngd de ska ges. Det är ofta sådana svårigheter som gör att man ofta kommer till olika slutsatser i olika metaanalyser/systematiska forskningsöversikter av samma faktor.

Osäkerheter kring metodologiska riktlinjer samt det faktum att det föreligger en stor mängd metaanalyser och systematiska forskningsöversikter gör att det finns stora frihetsgrader när forskningsläget ska tolkas. Det ger stora möjligheter för den som vill vinkla forskningen så att den passar den egna övertygelsen. Den modell för lärares arbete som Hattie (2009) skisserar utifrån sin syntes av metaanalyser har exempelvis minst lika mycket att göra med hans egna övertygelser som med hans data. Detta visar på ett potentiellt problem då viljan till makt, att definiera verkligheten, ibland överstiger viljan till deliberation, att sakligt och allsidigt belysa verkligheten. Det leder också till det något paradoxala förhållandet att slutsatser som dras från metaanalyser/systematiska forskningsöversikter inte sällan har en narrativ karaktär, det vill säga man skapar en berättelse om skolan som legitimeras med skenbart objektiva metoder.

Ytterligare problem är att det ofta kan vara ganska stora skillnader i förutsättningar mellan de studier där effekten har uppmätts och den situation läraren står inför, inte minst i de fall lärare tvingas att arbeta utifrån arbetssätt som gett goda effekter i forskning där deltagandet varit frivilligt. Evidensbasering kan också komma att innebära någon form av kontrollsystem över läraren som inskränker hennes/hans professionella val (se kapitel 2). Slutligen är ett problem vad jag skulle vilja kalla *evidensbaseringens paradox*: det finns lite evidens för att det är effektivt att evidensbasera undervisningen, framför allt om vi tar alla skolans mål i beaktande.

De problematiska aspekter som jag diskuterat kan summeras:

1 Risken finns att negligera viktiga mål.
2 Effekter av arbetssätt/metoder är motstridiga.
3 Lärare riskerar att drunkna i mängden av metoder/arbetssätt.
4 Metodproblem i sammanställningar av studier uppmärksammas ofta inte.
5 Det råder olika förutsättningar mellan studiernas kontext och den kontext där resultaten ska tillämpas.
6 Lärarens professionalitet inskränks.
7 Evidensbaseringens paradox uppmärksammas inte.

Det finns också fördelar med systematiska forskningsöversikter och metaanalyser. Det blir lätt att hitta relevant forskning. I t.ex. Hatties bok (2009) finns i ett appendix en tabell över alla metaanalyser som sammanställningen bygger på. Om jag exempelvis är intresserad av effekten av nivågruppering eller någon undervisningsmetod, t.ex. 'cooperative learning', på elevprestationer är det hur lätt som helst att hitta flera relevanta metaanalyser. Vidare finns det arbetssätt som ganska entydigt visar på ringa effekter på elevers lärande. Det är kanske här som metaanalyser och liknande sammanställningar av forskning har sin största potential. Jag skulle vilja pröva att använda begreppet *negativ evidens* för att beteckna de fall där det finns mycket forskning som visar att ett arbetssätt förefaller ha lite positiva effekter. På så sätt kan metoder och arbetssätt som förespråkas av kolleger eller entreprenörer och som inte har något uppenbart stöd i forskningen sorteras bort. Likaledes finns det vissa arbetssätt som har ett ganska gott stöd i forskningen, vilket då indikerar att de skulle kunna vara användbara.

En annan fördel med evidens är att frågan om hur forskning ska sammanställas kommer i fokus (Bohlin, 2010). Det finns en enorm mängd forskning om förskola, skola och lärares arbete och det är viktigt att varje ny studie som genomförs sätts i relation till den kunskap som redan finns. Därför är det förstås positivt att forskning sammanställs systematiskt och att metoder för hur forskning kan sammanställas diskuteras. En ytterligare positiv effekt är att frågan om vilken roll forskningen ska ha för skolväsendets verksamhet lyfts fram. Detta är förstås en fråga som diskuterats under lång tid men evidensrörelsen sätter så att säga fingret på den. En annan aspekt av forskning som aktualiseras av evidensrörelsen är att den forskare som förespråkar ett visst arbetssätt/en viss metod/en viss didaktik också bör undersöka effekterna av arbetssättet/metoden/det didaktiska angreppssättet. På så sätt kan effekterna av flera av de idéer om hur forskning och praktik ska gestaltas som presenteras i detta kapitel faktiskt undersökas.

Jag vill avslutningsvis i denna diskussion om evidensbasering presentera ett exempel på hur metaanalyser kan användas som utgår från ett närmast paradoxalt förhållande i den svenska skolan. Medan samarbete blir alltmer nödvändigt i arbetslivet och betydelsen av att skapa 'communities of practice' (Lave och Wenger, 1991) lyfts fram går den svenska skolan mot en individualisering av arbetsformerna (Skolverket, 2009). Samtidigt betonar läroplan och styrdokument betydelsen av att lära sig samarbete. 'Cooperative learning' borde därför vara något som en lärare skulle kunna använda sig av. Jag har valt arbetssättet 'cooperative learning' för att illustrera hur en verksam lärare kan använda sig av metaanalyser. Som namnet visar handlar 'cooperative learning' om att elever ska samarbeta i lärandet. Det handlar alltså inte om situationer där elever i och för sig arbetar i grupp men sedan fördelar arbetet på de enskilda individerna utan om ett genuint samarbete. Den lärare som vill öka sin kunskap om 'cooperative learning' kan då vända sig till Hatties bok och se vad olika metaanalyser kommit fram till.

Det finns tio metaanalyser av 'cooperative learning' där ungefär hälften redovisar starka effekter. Den lärare som vill använda mer grupparbete i sin undervisning har nytta av en närmare analys av dessa metaanalyser. Kan man se något mönster i när arbetssättet verkar ha fungerat bäst? Sedan återstår givetvis frågor om hur det bäst ska kunna användas i den konkreta verklighet där undervisningen ska genomföras och på ett sätt som gör att styrdokumenten följs. Det är förstås avgörande att arbetssättet passar innehållsområdet. Tyvärr tror jag inte alltid dagens lärare har den kunskap som krävs för att kritiskt analysera forskning på detta sätt och de blir då beroende av litteratur som tolkar forskningen inom ett visst område. Lärarens slutsatser om forskningsläget blir förstås inte bättre än kvalitén på denna litteratur. En sådan litteratur saknas också inom många områden.

Vi kan sammanfattningsvis konstatera att det återstår en rad frågor som den som förespråkar evidensbasering av undervisning har att svara på även om idén om evidensbasering också tydliggör några viktiga frågor vad gäller relationen mellan forskning och praktik.

Relevansen av studier med kvalitativa data för lärarens arbete

Inom evidensrörelsen pågår som sagt ett arbete med att försöka syntetisera resultat från studier med kvalitativa data. Det finns många exempel på studier som ingående och analytiskt beskriver lärares arbete med elever i svårigheter och som bygger på kvalitativa data (t.ex. Henricsson, 2004, Hugo, 2007, Möllås, 2009; se också temanummer i EDUCARE, 2009, och Ahlberg, 2010, för fokuseringar på specialpedagogisk forskning med kvalitativa data). Kanske kan forskningen bli mer användbar om den utgår just från kvalitativa data? Ett exempel från min egen forskning kan belysa denna fråga: I en studie intervjuades sju lärare som av omgivningen betraktades som duktiga på att arbeta med elever med olika förutsättningar i klassrummet. En av dessa lärare valdes ut för en fallstudie. I fallstudien (Nilholm och Alm, 2010 a och b) av arbetet i ett klassrum under år 5–6 samlade vi in ett stort material i form av intervjuer, en enkät, sociogram och barns reflektionsböcker. Dessutom tillbringade en av oss sammanlagt drygt trettio dagar i klassrummet.

I klassen med 17 elever fanns två elever med AD/HD-diagnos, två med Aspergerdiagnos samt en elev som i en utredning befunnits vara på gränsen till en inskrivning i särskolan. Läraren hade varit klassens lärare sedan första klass. Hennes utbildning riktade sig mot år 1–3 men hon övertalades till att fortsätta vara klassens lärare under år 4–6. En förskollärare följde med klassen från förskolan till och med år 6. Lärarna uttryckte i intervjuer en samsyn på hur arbetet i klassrummet skulle bedrivas och fördelas. De båda lärarna var eniga om att klassläraren skulle ha ett väsentligt större ansvar för undervisningen medan ansvaret för sociala processer och elevernas välbefinnande var mer lika fördelat. Det var påfallande mycket arbeten och diskussioner som bedrevs i grupp och ofta förflyttades undervisningen utomhus. I studien visade det sig att eleverna var nöjda med situationen i klassen och att alla utom en nådde skolans kunskapsmål i nionde klass. Det visade sig också i intervjuerna att både elever och lärare betonade rätten att vara olika och att olikhet också sågs som en tillgång. Men lärarna kunde ändå samtidigt tala om brister hos barnen i intervjuerna vilket visar på en viss ambivalens i förhållande till barnens olikheter.

De arbetssätt som lärarna använde kan sammanfattas som följer (från Nilholm & Alm, 2010a och 2010b):

- Undervisningen *anpassades* till barnens individuella behov.
- *Tydliga ramar* gavs i form av
  a) grundregler/normer som innebar att var och en har rätt att uttrycka sin åsikt och skyldighet att respektfullt lyssna till de andras åsikter. Det innebar också att eleverna inte fick skratta åt de andras åsikter. Eleverna behövde inte vara eniga utan det ansågs naturligt och bra att människor har olika åsikter och är olika.
  b) tydlig planering av skoldagen och tydlighet i vad som förväntades av barnen.
  c) omedelbara ingripanden när problem uppstod.

- Mycket *gruppaktiviteter*, t.ex. utomhusaktiviteter (ungefär 30–40 procent av tiden i klass 1–6 bestod av utomhusaktiviteter). Ungefär 50 procent av aktiviteterna i klassen genomfördes i grupp, ca 15 procent bestod av aktiviteter i helklass och ca 30 procent bestod av individuellt arbete. Lärarna bestämde alltid över gruppsammansättningen. Gruppaktiviteterna bestod av lek, gemensam problemlösning och att samla material som sedan användes i skolarbetet, t.ex. gjorde eleverna sin egen läsebok i första klass genom att ta kort och skriva om bilderna. Klassen åkte också varje år på en resa med övernattning. Eleverna diskuterade ofta i mindre grupper, ofta kontroversiella ämnen. Vidare fanns i klassen ett klassråd som sköttes av eleverna och där ansvaret för ordförande- och sekreterarskap roterade mellan elever.
- *Goda relationer med föräldrarna* skapades genom att låta föräldrarna ta del av skolans mål och genom att ha regelbunden kontakt och inte endast träffas när problematiska situationer uppstod. Klassläraren menade att hon aldrig upplevt problem med att få kontakt med föräldrar utöver risken att bli alltför indragen i problematiska familjesituationer.
- *Samtal och diskussion* inkluderades i skoluppgifter, även i matematik, och lärarna uppmuntrade gemensam problemlösning.
- *Betydelsen av att respektera barnen och undvika konfrontationer poängterades*, att aldrig låta ett barn förlora ansiktet och att ge mycket positiv återkoppling. Klassläraren sa flera gånger under en intervju: ”Det är fina barn”, vilket kan tolkas som uttryck för en generell attityd till eleverna. Lärarna betonade också vikten av att ha roligt i klassrummet.

På vilket sätt kan lärare använda observationer och tolkningar som gjorts i en studie som den ovan?[3] För enkelhetens skull kommer diskussionen begränsas till de arbetssätt som kartlagts och som redovisas i punktform. Det föreligger liknande problem som dem jag diskuterat ovan när det gällde evidensbasering:

3 Den uppmärksamme läsaren har säkert redan noterat att en del kvantitativa data samlades in inom ramen för fallstudien. Men det övergripande angreppssättet i studien är att hitta de kvalitéer (i bemärkelsen kännetecknande drag) som utmärkte just detta specifika klassrum.

1 Det är svårt att veta vad det är som fungerar i fallstudien.
2 Den lärare som vill använda arbetssätt som kartlagts i undersökningen måste anpassa dem till sin konkreta undervisningssituation vilken i olika avseenden kommer att vara annorlunda än den i studien.

Allt annat lika kommer det förmodligen att vara enklare att använda ett arbetssätt ju mer lika studiens och lärarens sammanhang är. Vi ser att vi till stora delar hamnar i den överföringsproblematik som vi fann när man ska "översätta" resultat från kvantitativa studier till klassrummet.

Larsson (2008) beskriver olika sätt att generalisera resultat från studier med kvalitativa data. Han lyfter just fram betydelsen av likheter mellan den studerade situationen och den situation till vilken resultat från studien ska generaliseras. Dels kan vi tala om likheter i hela undervisningssammanhanget i studien och det sammanhang en verksam lärare står inför, dels kan det finnas likheter i mer avgränsade situationer. Utan tvekan kan en verksam lärare finna inspiration i studien att reflektera över sitt arbete vilket kan leda till förändringar. Det är dock inte säkert att dessa förändringar leder till förbättringar för de elever det gäller. Vi kan också tänka oss andra studier med kvalitativa data som kan få en lärare att omvärdera föreställningar hon/han haft (Larsson, 2008, Nilholm & Evaldsson, 2008). Till exempel skulle studier som utgår från barns perspektiv kunna få lärare att se sitt arbete på ett nytt sätt. Ibland talas det om "exemplets makt" och studier med kvalitativa data kan i vissa fall fungera på det sättet. En annan möjlighet är att en forskare som studerat en skolpraktik möter de lärare hon/han studerat för att diskutera implikationer av studien. Fritzell (2009) förefaller dock skeptisk till att den forskning med kvalitativa data som kommit att bli allt vanligare verkligen har påverkat lärarens arbete i någon större utsträckning.

Det kan vara viktigt att göra en skillnad mellan hur forskningen med kvalitativa data teoretiskt skulle kunna påverka lärarens arbete och hur den de facto gjort det. Intressant är huruvida lärare tar del av studier med kvalitativa data, hur de tolkar dem och på vilket sätt lärare använder resultat från kvalitativ forskning. Det är också påfallande hur lärarens möjligheter att använda insikter från studier med kvalitativa data påminner om hur vi i vardagslag använder andras erfarenheter och kunskap för att förändra vårt handlande i olika situationer. Nu skulle forskaren som arbetar med kvalitativa data naturligtvis invända att trovärdigheten och tillförlitligheten i de kunskaper som nås med vetenskapliga metoder gör att sådan kunskap har ett försteg framför en mer vardaglig rapportering av erfarenheter. Samtidigt kvarstår problematiken hur resultat från olika studier med kvalitativa data skulle kunna sammanställas på ett fruktbart sätt och, framför allt, hur sådana resultat ska ”överföras” till lärares arbete.

Att skapa mötesplatser mellan forskare och verksamma lärare

Det är ingen ny idé att forskare och lärare i konkreta möten tillsammans skulle kunna utveckla verksamheten. Idén har fått förnyad kraft genom tanken om *deliberativa samtal* (se t.ex. Englund, 2003, 2007, Premfors & Roth, 2004). Deliberativa samtal innebär i korthet att alla intressenter i en fråga, t.ex. ”hur ska vi arbeta med elever i behov av särskilt stöd?”, möts i diskussioner där alla får möjlighet att lägga fram sina argument på lika villkor. När beslut tas ska det gemensammas bästa ställas i fokus. Det innebär att även andras perspektiv och intressen måste beaktas. I en utvidgad form talar man om *deliberativ demokrati*, där samtal och argumentation blir ett sätt att fördjupa demokratin och motverka att majoriteter och/eller personer med makt får otillbörligt stort inflytande.

Fritzell (2009) argumenterar för att en liknande modell kan vara fruktbar för att göra forskningsresultat giltiga för lärarens arbete. Han är kritisk till de båda sätt att forskningsbasera lärarens arbete som diskuterats ovan och menar att båda sätten i grunden handlar om hur resultat från forskningen ska överföras till verksamheten. Det blir alltså en mer eller mindre teknisk fråga där forskaren också ofta får företräde att definiera vad som är rätt och riktigt. I stället argumenterar han för att verksamma lärare bör få ett större inflytande och att pedagogiken ytterst måste vara en praktisk vetenskap. Han rekommenderar en process han benämner *rekonstruktiv giltighet* som innebär att forskare och lärare i deliberativa samtal rekonstruerar betydelsen av tidigare forskning för att tillsammans avgöra vad som är etiskt riktigt handlande.

Jag har själv argumenterat för betydelsen av samtal när skolor ska bestämma sig för hur de ska arbeta med elever i behov av särskilt stöd (Nilholm, 2003). Ett problem med arbetet med elever i behov av särskilt stöd är dock att det ofta ses som någon annans ansvar (Larsson, 2008), inte minst som ett ansvar för specialpedagog och speciallärare. I hela denna bok argumenterar jag för att det är betydelsefullt att alla lärare ser sin roll i detta arbete. Däremot har jag till skillnad från Fritzell (2009) inte argumenterat för samtal mellan forskare och verksamma lärare för att utveckla verksamheten, även om detta förstås är en möjlighet. Jag blir ibland inbjuden till skolor för att diskutera deras verksamhet. Ett problem i det sammanhanget är att det ofta endast är lärare som har ett "speciellt" ansvar för dessa elever som dyker upp medan ämneslärare och andra kan lysa med sin frånvaro.

Det finns också andra kritiska frågor man kan ställa till idén om deliberativa samtal mellan forskare och verksamma lärare:

- Vem bestämmer vilka som ska vara delaktiga i samtalen?
- Vilken forskning görs relevant?
- Vem bestämmer vilken diskurs som får företräde?
- Hur förhandlas expertrollen och vem bestämmer vilka förväntningar som kan ställas på forskare?
- Vems samhällstolkning får sista ordet? (Parterna kan ha sinsemellan oförenliga tolkningar av samhällsordningen, till exempel huruvida motsättningar mellan grupper är ett grundläggande drag i samhället eller ej.)
- Hur förhåller sig det deliberativa samtalet till bestämmelser och förordningar som fattats på demokratisk väg?
- Vad har forskaren för ansvar för den undervisning som blir ett utfall av samtalen?

Det är svårt att vara direkt negativ till tanken på deliberativa samtal av den typ som Fritzell (2009) föreslår men det är viktigt att beakta de kritiska frågor som ställs ovan. Det är förstås betydelsefullt med möten mellan forskare och verksamma lärare.

Aktionsforskning

Det finns på många håll ett missnöje med den akademiska skolforskningen som man menar blir för teoretisk och för distanserad från de problem som verksamma lärare möter. Läraren blir ofta ett objekt för forskningen med lite delaktighet i forskningsprocessen. Vidare finns det i en inte ringa del av den pedagogiska forskningen ett mer eller mindre uttalat krav på att forskningen kritiskt ska granska lärarens arbete. Det kan innebära att vad än den studerade läraren gör så kommer det att kritiseras. Eller ett krav på att göra den verksamme läraren mer effektiv. Som påpekats ett flertal gånger uppfattas lärarens uppdrag inom effektivitetsforskningen ofta på ett snävt sätt. Aktionsforskning har i kontrast till kritisk forskning och effektivitetsforskning föreslagits som ett sätt att göra läraren till ett subjekt i forskningsprocessen. Samtidigt innebär begreppet *aktionsforskning* att det handlar om att förändra verksamheten, det vill säga utveckla den i en positiv riktning.

Det ligger något väldigt tilltalande i denna tanke. Speciellt om det gäller ett forskningsprojekt som tar hela skolans uppdrag i beaktande och inte endast avgränsas till en aspekt (jfr. diskussion om evidensbasering). Men förutom sådana invändningar som rör mer praktiska aspekter som att forskningen är ett tidskrävande projekt finns det två grundläggande invändningar mot aktionsforskning som tål att tänka på.

För det första har verksamma lärare som regel inte den kunskap om teorier och metoder som forskaren har. Det finns därför från början en maktobalans inskriven i relationen precis som i idén om samtal mellan forskare och praktiker. Därför blir förmodligen också aktionsforskning en forskardriven verksamhetsutveckling.

Min andra, och mer avgörande invändning gäller den kritiska distans som vanligtvis är en del av forskarrollen. Tidigare beskrev jag risken med att forskaren per definition är kritisk mot det läraren gör. Men det finns också en risk att forskaren blir alltför okritisk till det som pågår i klassrummen. Inte minst är risken att deltagare i ett aktionsforskningsprojekt som syftar till en förbättring av verksamheten talar i egen sak. Det blir lätt så att de forskare och de lärare som ingår i ett aktionsforskningsprojekt legitimerar sitt projekt och får svårigheter att granska det kritiskt. Det går naturligtvis att hantera detta problem på olika sätt, till exempel genom att bjuda in andra forskare som får som uppgift att kritiskt granska projektet. Till syvende och sist blir ändå frågan om kritisk distans, likaväl som frågan om maktbalans, ett svårlöst dilemma för aktionsforskningen.

En mycket intressant form av aktionsforskning är 'learning studies'. Denna forskning ligger nära den typ av forskning som jag tycker behöver utvecklas för att forskning ska bli relevant för verksamma lärare (se nedan). I 'learning studies' står det didaktiska innehållet i centrum (Marton, Runesson & Tsui, 2004). De aspekter av lärandeinnehållet som är centrala för att elever ska förstå innehållet fokuseras (Kullberg, 2010), framför allt betydelsen av att variera aspekter av det innehåll som ska läras (Runesson, 2006). Forskningen bygger på att verksamma lärare samarbetar med forskare kring utformandet av den konkreta undervisningen (Runesson, 2008). Genom att göra analyser av elevernas förståelse av kunskapsinnehållet före och efter lektioner kan man se effekter av olika sätt att lägga upp undervisningen. Det finns också en ansats till att pröva hur 'learning studies' kan organisera så att de gynnar elever som har svårigheter med lärandet (Gaversjö & Lööf Widing, 2008). 'Learning studies' måste förstås hantera de dilemman som påtalades ovan. Det är också så att inriktningen framför allt fokuserar lärandet och därmed är öppen för samma kritik som riktades mot evidensbasering av undervisningen, det vill säga att man bortser från skolans övriga mål (Säfström, 2007, menar att en fokusering på lärande riskerar att bortse från etiska och politiska aspekter av utbildning). Trots dessa invändningar förefaller 'learning studies' ha stor potential eftersom man tar sin utgångspunkt i de konkreta didaktiska problem som lärare har att hantera. Det finns också en hel del empiriskt stöd (evidens) för att 'learning studies' verkligen underlättar elevers lärande (Skolverket, 2009).

Reflexivitet som förutsättning för vetenskapligt grundat handlande

Många skulle nog argumentera för att det är genom sin perspektivrikedom som forskningen kan bidra till lärares arbete. En del forskare skulle nog tro att skolan blir bättre om verksamma lärare såg världen genom just deras perspektiv. Men en genuin tro på betydelsen av reflexivitet innebär ett erkännande av många möjliga ståndpunkter. Vetenskapen tillhandahåller en rad olika möjligheter för att tolka verkligheten. Ibland bygger till exempel avhandlingar i pedagogik på att man närmar sig ett ganska välkänt fenomen med ett nytt perspektiv (t.ex. Bengtsson, 2006). Om man tillägnar sig olika sätt att tolka verkligheten så ges ökade möjligheter att handla i en situation. Ofta benämns detta fenomen som *reflexivitet*, det vill säga vi reflekterar över en situation eller ett fenomen.

Det är förstås inget som garanterar att en ökad reflexivitet ger "bättre" handlingar, ibland kan det kanske leda till handlingsförlamning och/eller förvirring. Det är också viktigt att konstatera att inom vetenskaplig verksamhet är diskussionen om och problematiseringen av fenomen ofta ett självändamål medan den verksamme läraren måste handla. Det betyder att det finns en tendens till abstraktioner inom forskningen som ibland tenderar att leva sitt eget liv och sällan får konsekvenser för det som sker i förskola och skola. Ofta lyfter man således upp fenomen på en metanivå vilket nästan alltid är möjligt. Som en gästforskare en gång uttryckte det: "Everything you can do I can do meta." En annan gång diskuterade jag ett problem som verkade olösligt med en student som kommenterade ungefär på följande sätt: "Ja, men då lyfter väl ni inom forskningen bara upp problemet på en metanivå."

Jag vill i detta sammanhang diskutera två exempel på hur problem kan lyftas till en metanivå. Betydelsen av förebyggande arbete har påpekats vid flera tillfällen. Därmed har jag gått in i en diskussion om hur ett sådant arbete bör genomföras. Men jag hade kunnat välja att lyfta upp denna diskussion på en metanivå och diskutera *diskursen om* förebyggande arbete. Då hade till exempel frågor om vilka professionella grupper som driver frågan om förebyggande arbete blivit centrala. Snarare än fenomenet i sig hade frågor om hur fenomenet definieras och förhandlas i en social process blivit betydelsefulla. Det andra exemplet gäller den så kallade evidensrörelsen. I stället för att diskutera argument för och emot idén om att evidensbasera skolarbetet hade jag kunnat analysera fenomenet på en metanivå och till exempel intresserat mig för den kontext där evidensrörelsen växer fram och de olika intressen som den uttrycker.

Kanske är det mer korrekt att säga att dessa mina båda exempel handlar om hur forskare gör samhällsvetenskap av professionella tvistefrågor. Detta betyder också att kunskapsbidraget kommer att handla om hur olika samhälleliga processer gestaltas snarare än att ge ett svar på professionens fråga, exempelvis: Hur ska vi förhålla oss till idén om evidensbasering? Givet att mer abstrakta analyser ofta tenderar att ges högre status inom forskningen finns här en tendens till att frågor omformuleras på ett sätt som gör att de delvis förlorar i relevans för det konkreta skolarbetet. Det är förstås inte heller så att all forskning behöver ha implikationer för lärares arbete i klassrumment. Ibland används också förflyttningen till metanivån för att dölja forskarens egen normativitet. Ofta används vad jag skulle vilja benämna som ett metatrick för att dölja den egna uppfattningen. Med metatrick menas att man lägger analysen på en överordnad nivå och därmed döljer en del av det egentliga ärendet. Sådana metatrick kan ta sig olika former, till exempel menar man sig vara intresserad av hur ett fenomen (t.ex. avvikelse) konstrueras medan man i själva verket är kritisk till att avvikelse identifieras (se kapitel 6).

Men det är svårt att argumentera mot betydelsen av att kunna betrakta fenomen och situationer ur olika perspektiv och att tänka abstrakt. Det är viktigt att bli medveten om det egna perspektivet, inte minst när det gäller arbetet med barn och elever i svårigheter. Ökad medvetenhet är förmodligen det enda sättet att undvika att bli sitt eget perspektivs fånge. Det är också en sak som gör att relationen mellan forskning och praktik aldrig kan bli enkel eftersom det hela tiden finns olika perspektiv på samma fenomen. Den verksamma läraren måste också tolka forskningen utifrån dess rimlighet i ett pedagogiskt filosofiskt perspektiv (se kapitel 2). Betydelsen av att bli reflexiv innebär att forskningsgrundad praktik inte endast är att handla utifrån en mängd forskningsresultat utan har att göra med en attityd och ett förhållningssätt. Det är då minst lika betydelsefullt att känna till olika teorier och perspektiv och forskningsmetoder som forskningsresultat. Genom att känna till forskningsmetoder av olika slag kan man till exempel genomföra ett mer systematiskt utprövande av utfall av den egna undervisningen.

I detta sammanhang kan det vara på sin plats att helt kort diskutera en idé om hur forskning och praktik ska kunna närma sig varandra som mycket väl hade kunnat diskuteras som en egen modell, nämligen forskarutbildning av verksamma lärare. Vi kan tänka oss att forskarutbildning både leder till större förmåga till att reflektera över undervisningen och ett mer prövande arbetssätt. Det är i och för sig tveksamt i vilken grad forskarutbildade lärare återvänder till undervisningen och det finns förstås en risk att skickliga lärare lämnar skolan för högskola och universitet för att sedan inte återvända. Men jag skulle vilja argumentera för att effekterna av forskarutbildning av lärare också har att göra med den relation som råder mellan deras forskningsobjekt och skolans verksamhet. Just relationen mellan det forskningen fokuserar på och det som står i centrum för skolarbetet diskuteras i nästa avsnitt.

Forskning som saknas

Många är alltså missnöjda med samspelet mellan forskningen om skolans arbete och verksamheten i skolan. Samtidigt finns det en rad förslag på hur detta samspel bäst ska gestaltas och här har för- och nackdelar med flera av dem diskuterats. Det är förstås så att relationen måste kunna se ut på olika sätt. Ändå tycks det ligga en hel del i kritiken att forskningen alltför ofta inte blir särskilt användbar för verksamma lärare. Vi har också i vårt samhälle på demokratisk väg bestämt att läraren ska ha ett stort inflytande över arbetet i klassrummet. Läraren har ett ansvar för att välja de arbetssätt som leder till att skolans mål kan uppnås. Det är inte helt förvånande att många lärare i så pass liten utsträckning orienterar sig mot forskningen i sitt arbete (Robertsson Hörberg, 1997). Lärare har ofta inte kunskap om forskningens villkor och innehåll och ser svårigheter i att läsa texter av forskare på språk som tyvärr alltför ofta är svårbegripligt (se Robertsson Hörberg, s. 157–163).

Dessutom får lärare ofta olika budskap från olika forskare, något som inte minst gäller när forskningen handlar om elever i behov av särskilt stöd. Det finns också en stark tradition, inte bara i läraryrket, att man hämtar inspiration från en rad olika håll: egna erfarenheter, samtal med kolleger, tidningsartiklar, filmer, utbildningsentreprenörer o.s.v. Intressant nog finns en liknande tradition inom lärarutbildningarna där forskning sällan åberopas som skäl till att undervisningen läggs upp på ett visst sätt. Jag har också mött verksamma specialpedagoger som berättat om att politiker börjar fråga om de har ”evidens” för sina förslag. En intressant fråga är då hur politikern i fråga själv grundar sina beslut på evidens? Det verkar som om kravet på att grunda verksamhet i forskning är något som ofta riktas mot andra. Det är också så att tal om vad som ”fungerar” och har ”evidens” riskerar att öka svårigheten att verkligen ”forskningsbasera” skolans arbete om talet inte grundar sig på insikter i forskningens natur.

Forskningen måste också konkurrera med andra sätt att erhålla ”kunskap” om hur arbetet ska genomföras, inte minst med entreprenörer av olika slag som drivs av ett vinstsyfte och därmed av ett starkt behov av att lyfta fram det egna arbetssättets fördelar så långt som det är möjligt. Forskning som upplevs som relevant av verksamma lärare måste förmodligen leva upp till två grundläggande krav: För det första måste språket tala till läsaren och inte få denne att känna sig okunnig. Detta kan låta som en självklarhet och är också så i teorin men inte alltid i verkligheten. För det andra bör forskningen handla om det arbete lärare utför och adressera hela komplexiteten i detta arbete.

Jag tror att forskning som ska intressera verksamma lärare i betydligt högre grad måste reflektera lärarens situation och att det för lärare alltid handlar om att ett visst innehåll ska läras ut. Detta innehåll kan vara ämnesöverskridande eller inom ramen för ett ämne. Det är också inom ramen för undervisning av ett innehåll som elever har svårigheter med att vara motiverade och förstå. Jag vill argumentera för att två olika typer av forskning behöver utvecklas för att närma forskningen till den situation som en lärare ställs inför.

För det första är jag övertygad om att det är betydelsefullt att forska om vad verksamma lärare faktiskt gör när de ska förmedla ett undervisningsinnehåll till en elevgrupp. På så sätt blir analysenheten för forskaren den komplexa situation som läraren ställs inför. Genom att studera ett antal lärare som undervisar om liknande innehåll skapas ett forskningsmaterial som innehåller variation. Fördelaktigt kan vara att undersöka lärare som undervisar på olika sätt. Helst bör en sådan studie pågå över en längre tid. Forskaren får då svar på hur dessa lärare i sin undervisning besvarar de didaktiska frågorna vad, varför, när, hur och om och i så fall hur de arbetar för att alla elever ska nå målen eller hur läraren hjälper de elever som redan är i riskzonen för att inte uppnå målen. Studien kommer därmed att beskriva variation i hur de didaktiska frågorna gestaltas. Det är förstås viktigt att analysera konsekvenserna av olika sätt att gestalta innehållet både vad avser den kunskap eleverna utvecklar och konsekvenserna för skolans övriga mål. Följande är exempel på frågor som kan bli aktuella:

- Befrämjar arbetssättet de sociala relationerna i gruppen?
- Vilket inflytande har eleverna över arbetsformerna?
- Vilket lärande sker?
- Blir alla elever delaktiga?

Tyvärr är det så att man inom den didaktiska forskning som finns alltför sällan inbegriper frågor om hur man ska hantera elever som har svårt att förstå det innehåll som lärs ut, är mer eller mindre ointresserade av ämnet och/eller har svårt att koncentrera sig på undervisningen. Vidare är det viktigt att sätta gestaltningen av de didaktiska frågorna i relation till olika teorier om hur de didaktiska frågorna kan och bör besvaras. Sådan forskning skulle kunna utvecklas för alla av ett ämnes/områdes olika delar. Den skulle kunna vara av omedelbar relevans för verksamma lärare, inte minst om forskaren lyckas förmedla sina analyser på ett lättillgängligt sätt i en populärvetenskaplig form. I viss mån finns denna typ av forskning som jag efterfrågar redan.[4] Men forskning finns inte i en sådan systematisk form som beskrivits. I stället för att dra den parallell till läkarens verksamhet som görs i evidensrörelsen kan en annan parallell göras. Läraren blir specialist på hur man förmedlar ett visst undervisningsinnehåll, ungefär på samma sätt som ortopeder, hjärtläkare och andra har sina specialistområden. Det betyder inte nödvändigtvis att läraren själv forskar men när den situation forskningen studerar alltmer liknar lärarens arbete kan förmodligen denne på ett enklare sätt grunda sin undervisning i forskningen.

En annan idé om hur forskningen ska kunna närma sig den verklighet som lärare står inför bygger på en iakttagelse av att många forskare ofta har starka åsikter om hur undervisning bör bedrivas. Det vore bra om sådana idéer underkastades empirisk prövning. Om en forskare till exempel menar att datorsimuleringar av fysiska processer möjliggör för elever att tillägna sig grundläggande begrepp inom fysiken på ett enklare sätt än inom en traditionell undervisning som bygger på lärobokstexter så är denna hypotes i högsta grad möjlig att undersöka. Viktigt är då att studera konsekvenser av arbetssättet vad gäller *alla* skolans mål och för *alla* de elever som undervisningen ska nå. Sådana empiriska prövningar kan också bli en konsekvens av den förra formen av studier av didaktik i praktiken som skisserades ovan. Studier av gestaltningen av didaktik i naturliga klassrumssituationer kan alltså ge upphov till hypoteser om hur

4 Se till exempel 1) Bjurulf, 2008, för exempel på gestaltningar av några moment i teknikämnet, 2) Schullerqvist & Osbeck, 2009, för studier av hur lärare inom olika samhällsvetenskapliga ämnen reflekterar över ämnesdidaktik, 3) Löwing, 2006, för studier av hur matematikdidaktik gestaltas och vilka konsekvenser olika gestaltningar leder till, 4) Swärd, 2008, för en närstudie av användning av en specifik metod i läs- och skrivinlärande och 5) Hultin, 2003, för en analys av svenskämnesdidaktiska avhandlingar.

undervisningen bör gestaltas på ett sätt som är så tillfredsställande som möjligt. Sedan kan dessa hypoteser undersökas.

Det är viktigt att i detta sammanhang påpeka att resonemanget inte utgår från den överföringsmetafor som är vanlig inom evidensrörelsen och som innebär att arbetssätt som visat sig effektiva i forskningen ska flyttas in i klassrummet. Mitt resonemang vilar i stället på insikten att sådan överflyttning i regel blir ofullständig eftersom situationen där studien genomförts har andra förutsättningar. Aktörer i den nya situationen kommer också att omtolka det arbetssätt eller den metod som ska användas. I stället för att se det som en överföring av ett arbetssätt/en metod är det rimligare att säga att metoden/arbetssätten rekontextualiseras. Men detta utesluter inte att studier genomförs där en didaktisk variation införs och där också konsekvenserna av denna studeras. Faktiskt så är det just på detta sätt många lärare gör, det vill säga ”prövar och ser om det fungerar”. Här finns stora möjligheter för den som är hågad att undersöka effekter av olika sätt att gestalta ett ämne eller ett område. Om sådan mer *undersökande undervisning* förankras i systematisk didaktisk forskning och didaktisk teori så tror åtminstone jag att stora möjligheter att utveckla skolans arbete skulle öppna sig.

De typer av studier som föreslagits utgår alltså dels från betydelsen av likheter mellan det studerade sammanhanget och det sammanhang till vilket studierna ska generaliseras och dels från att det är betydelsefullt att studera variation i hur undervisningen genomförs. I det förra fallet handlar det om ”naturlig” variation i hur lärare arbetar med ett visst ämne eller område, i det senare fallet variation som introduceras av forskaren. Givetvis är det betydelsefullt att relatera både naturligt förekommande och av forskaren iscensatta didaktiska gestaltningar till teorier om hur ett visst ämne eller område kan och bör gestaltas. Det är viktigt att påpeka att all utbildningsvetenskaplig forskning naturligtvis inte behöver ha denna karaktär men att mer forskning av detta slag behövs för att utveckla lärares arbete.

Det är också lätt att tänka sig att en sådan forskning som diskuterats kan överbrygga mellan vad jag skulle vilja beskriva som lärarutbildningens strävan efter *reflektion* och många studenters önskemål om ökade erfarenheter av *görande*. I lärarutbildningen efterfrågar studenter ofta arbetssätt och metoder. Inte sällan möts de då av ungefär samma budskap som argumenterats för ovan, det vill säga att forskningen inte erbjuder sådana enkla lösningar. I stället menar lärarutbildare att studenterna måste reflektera över hur skolans mål ska uppnås utifrån den situation man ställs inför. Detta ställer ganska höga krav på studenterna. För cirka 20 år sedan var en mycket större del av undervisningsinnehållet i skolan redan formulerat i olika styrdokument vilket lämnade ett mindre utrymme för läraren att bestämma över arbetet i klassrummet. Den tidens lärarutbildning var också mer fokuserad på ”hur man ska göra” och förmodligen mindre teoretiskt orienterad. Det är också välkänt att de studerandes egna erfarenheter från sin skolgång och från den verksamhetsförlagda utbildningen samt den första tiden i yrket får stor betydelse för hur läraren kommer att omfatta sin uppgift. Många verksamma lärare har kanske mindre problem med ”metodfrågan”, förmodligen för att man har utvecklat ett arbetssätt man tror på och förmår anpassa sin undervisning till situationers skiftande karaktär. Likväl finns det ett stort utrymme för pedagogiska profeter och entreprenörer att sälja olika metoder och arbetssätt. Men studenter i lärarutbildning efterfrågar alltså av och till en större konkretion i vad de förväntas göra som färdiga lärare och kan ha svårt att se nyttan av ett ständigt reflekterande, speciellt som de teorier som presenteras kan vara ganska komplexa.

Finns det då någon väg mellan reflektion och metod? Som nämnts ovan saknas det till stora delar en ämnes- och områdesdidaktisk forskning som tydliggör olika sätt att undervisa om ett givet ämne eller område och där konsekvenser av de olika arbetssätten analyseras i relation till alla skolans mål och till situationen för elever i svårigheter. Litteratur med sådana utgångspunkter skulle förmodligen delvis kunna motverka den osäkerhet kring själva görandet som många studenter erfar. Det är förstås också viktigt att få pröva själva görandet. En litteratur som på ett tydligt sätt illustrerar olika sätt att gestalta de didaktiska frågorna och konsekvenser av de olika valen skulle kunna vara mycket användbar inom lärarutbildningen. Samtidigt kommer förmodligen en viss osäkerhet alltid att finnas före den ”riktiga” yrkesdebuten, vilket inte på något sätt är specifikt för läraryrket.

Hur ska lärare arbeta för att alla elever ska nå målen?

Det är naturligtvis en utmaning att försöka besvara den fråga som formulerats i rubriken. Eftersom forskningen ger en viss men begränsad vägledning blir lärarens egen erfarenhet betydelsefull. Här ställs vi inför frågan om hur beprövad erfarenhet ska balanseras mot vetenskaplig grund. Beprövad erfarenhet är ett vanskligt begrepp. Oftast avses den samlade erfarenhet som är en del av till exempel en yrkeskårs kunskap. I skolan kan det förstås handla om beprövad erfarenhet inom ramen för ett arbetslags arbete eller för den enskilde läraren. Man har helt enkelt hittat sätt att lösa vissa av de utmaningar som yrkeskåren, arbetslaget eller den enskilde läraren möter. Det kan handla om så fundamentala saker som att skapa arbetsro i förskolan eller klassrummet och att skapa goda relationer till barnen respektive eleverna. Det är förstås helt avgörande för lärare att lyckas med detta och de flesta löser det förmodligen utan att direkt konsultera forskningen.

Samtidigt finns det ibland också anledning att vara beredd att ompröva sin beprövade erfarenhet. Det som vid en tidpunkt i historien varit beprövad erfarenhet kan vid en senare ses som förkastligt, t.ex. barnaga. När det gäller det område som denna bok handlar om har en tvistefråga varit om och i så fall hur man ska bryta det som ofta har betraktats som beprövad erfarenhet, det vill säga att definiera vissa barn och elever som avvikande och i behov av mer eller mindre segregerande åtgärder, ett synsätt som också stöds av flera forskare. I situationer när beprövad erfarenhet utmanas av nya perspektiv är det som tidigare diskuterats viktigt med reflektion. Innan frågan som ställs i rubriken diskuteras vidare ska vi således se närmare på perspektivets betydelse för arbetet med barn och elever i svårigheter i förskolor och skolor.

Det blir alltså grundläggande med vilket perspektiv lärare närmar sig frågan om hur förskola och skola ska arbeta med barn och elever i svårigheter och därmed förebygga att svårigheter uppkommer. Det är vanligt att skilja på två olika perspektiv[5] att närma sig denna kärnfråga. Å ena sidan finns som vi konstaterat ett synsätt där elevers svårigheter ses som i hög grad orsakade av deras egna tillkortakommanden och/eller deras sociala bakgrund. Å andra sidan finns ett synsätt som betonar att orsaker till elevers svårigheter kan finnas på flera nivåer. I det förra fallet brukar stöd i form av att specialpedagog eller speciallärare arbetar direkt med

5 I Nilholm (2007) urskiljs tre grundläggande perspektiv men för enkelhetens skull diskuteras här endast två av dessa.

eleven förespråkas. I det senare fallet utesluts inte denna möjlighet men betydelsen av att arbeta med hela lärmiljön samt inte minst att arbeta förebyggande poängteras och därmed ställs större krav på den "vanliga" pedagogiken (Persson, 1998c). Båda synsätten har en gemensam utgångspunkt i att arbetet med elevgruppen ses som betydelsefullt. Vi kan inte bortse ifrån att arbetet med elever i svårigheter i skolans värld inte alltid betraktas som meningsfullt. Ofta uppfattas det som ett arbete som är en angelägenhet för någon annan (Persson, 1998). Men även om båda synsätten förespråkar att arbetet med elevgruppen är viktigt så uttrycker de alltså helt olika idéer om hur det ska gestaltas. Vi vet att bristperspektivet fortfarande dominerar i skolan (Skolverket, 2003) och det finns tecken på att specialpedagoger har haft problem med att etablera den nya yrkesrollen både i Sverige (Malmgren-Hansen, 2002) och i andra länder (Abbot, 2007, Cole, 2005, Hargreaves m.fl., 2005, Pearson, 2008, Szwed, 2007a och 2007b). Det finns dock för lite övergripande och systematisk kunskap om vad de specialpedagoger och speciallärare som arbetar i förskolan och skolan gör. Det kan förstås finnas en risk med att många specialpedagoger inte arbetar direkt med barnen eftersom det visat sig svårt att förändra lärandemiljön. En del specialpedagoger som arbetar direkt med elever har inte heller relevant ämnesdidaktisk bakgrund. Vi vet också att arbetet i förskola och skola har mycket olika förutsättningar och genomförs på olika sätt (Skolverket, 2009), vilket inte minst gäller arbetet med barn och elever i svårigheter (Nilholm m.fl., 2007). Det gör också att makten över detta arbete till stor del finns på förskole- och skolnivån och att rektorer har ett stort inflytande men också lärare, specialpedagoger och speciallärare. Villkoren för olika skolor är väldigt skiftande. I vissa skolor är kanske hälften av eleverna i riskzonen för att inte nå målen medan det i andra skolor rör sig om ett relativt litet antal elever. Bostadssegregationen ligger till stor del bakom dessa olika villkor. Här berör vi problem som visar att vi inte kan se skolans verksamhet isolerad från samhället i övrigt. Som nämnts tidigare visar Skolverket (2008) att omfördelningen av resurser inte kompenserar skillnader i stödbehov. Sammanfattningsvis kan vi säga att perspektivet är betydelsefullt för arbetet med barn och elever i svårigheter, att ett bristperspektiv verkar dominera och att förutsättningarna för arbetet varierar mycket.

Hur ska då förskolan och skolan utifrån de förutsättningar som skisserats ovan arbeta för att med hjälp av vetenskap och beprövad erfarenhet minska andelen barn och elever i svårigheter? Det är givetvis svårt att ge något definitivt svar på denna fråga, men jag tar mig friheten att diskutera den. Därvidlag kommer jag att göra mig skyldig till en "synd" som jag tidigare anklagat andra för: mina synpunkter och slutsatser har minst lika mycket med mina egna övertygelser att göra som med forskningen inom området. Det följande utgör således en reflektion över området där jag försöker vara så tydlig som möjligt med mina utgångspunkter. En sådan utgångspunkt är förstås att jag sympatiserar med ett perspektiv där svårigheter inte rutinmässigt individualiseras utan där hela miljön problematiseras. Som nämnts tidigare bygger den utgångspunkten inte endast på ett ställningstagande utan den understöds av en stor mängd forskning. Min utgångspunkt är alltså att förskola och skola problematiserar sin verksamhet i för liten utsträckning i relation till vad vi vet om barns och ungdomars möjligheter.

Lärare och andra som arbetar i skolan bör arbeta inom ramen för gällande styrdokument. Vidare är det avgörande om detta arbete ses som betydelsefullt. Det är också, utifrån de tankar som framförts i denna bok, viktigt att arbetet blir en angelägenhet för alla i förskola och skola. Den vanliga undervisningens kvalité är avgörande för att undvika att elever hamnar i svårigheter. Det finns dock tecken på att det kan vara svårt för specialpedagoger och andra att påverka klass- och ämneslärarens arbete. Det är ofta så att den specialpedagogiska verksamheten får ta hand om elever som kunde ha klarat sig i klassrummet om undervisningen gestaltats annorlunda eller om det förebyggande arbetet fungerat. Det är därför betydelsefullt att arbeta med utveckling av den ordinarie undervisningen så att dyra och ibland stigmatiserande särlösningar i mesta möjliga mån kan undvikas. Det är i det sammanhanget viktigt att arbeta med klassrumsklimatet. Jag tror att det är viktigt att vi rör oss bort ifrån en diskussion där vi talar om bra respektive dåliga lärare och i stället fokuserar på goda *lärarhandlingar* (se också Frelin, 2010). Här tror jag och många andra att lärare har mycket att lära av varandra genom att öppna sig för synpunkter och kritik och för insyn i klassrumsarbetet. Att helt enkelt låta kolleger vara med under lektioner. Arbetet med elever som är i svårigheter i skolan blir i så fall en pedagogisk utmaning som de inte står ensamma inför. Vidare är det naturligtvis viktigt att skapa goda relationer med föräldrar (se Erikson, 2009), inte minst när det gäller elever som hamnar i svårigheter i skolarbetet (Nilholm & Alm, 2010b).

Finns det då inga mer konkreta råd för hur arbetet ska utföras?[6] Ett råd är att ta sin utgångspunkt i arbetssätt som är dokumenterade i forskningen, se tidigare exempel om 'cooperative learning'. Som jag nämnde tidigare är det av största vikt att som lärare ansvara för att arbetet inte sker utifrån arbetssätt och metoder som visat sig ha negativ evidens. Men ibland efterfrågas mer specifik kunskap:

> ”Jag har en elev med AD/HD i klassen, hur ska jag undervisa honom/henne?”
>
> ”Ingen väljer att vara med Pelle, hur gör vi?”
>
> ”Vi har en elev med en ensamstående mor som missbrukar narkotika och socialtjänsten överväger ett omhändertagande, vad gör vi?”
>
> ”Flera elever i klassen halkar efter i matematik, vad är problemet?”

Innan dessa frågor diskuteras vill jag återigen påpeka att barn och elever i svårigheter är en stor och heterogen grupp och att exemplen här inte avser att spegla hela detta spektrum.

Vad gäller frågan om eleven med AD/HD kan det vara intressant att jämföra studier som genomförts av Hjörne (2010) respektive Nilholm & Alm (2010A och 2010B). I båda dessa studier ingår elever med AD/HD-diagnos men den undervisning de är med om ser ut på helt olika sätt. I studien av Hjörne (2010) är eleverna placerade i en särskild undervisningsgrupp avskärmad från resten av skolan. I klassrummet är eleverna också avskärmade från varandra. Vidare genomförs undervisningen i hårt strukturerade arbetspass. I Nilholm & Alms studie får två barn med AD/HD-diagnos och två barn med Aspergerdiagnos undervisning i ”vanlig” klass. Arbetet i klassen har beskrivits tidigare i kapitlet. Frånsett skillnaden i hur eleverna som har AD/HD-diagnos bemöts är det också intressant att notera skillnaden i formen av struktur som erbjuds barnen. I Hjörnes exempel innebär struktur en sak och i Nilholm & Alms studie en helt annan. I den senare studien består strukturen inte minst i tydliga regler för

6 Se Eriksson Gustavsson, Göransson & Nilholm, 2011b, för konkreta exempel på arbete med elever i behov av särskilt stöd, där några exempel är ”goda” exempel och andra mindre ”goda”. Se också Wetso, 2006.

hur elever ska vara mot varandra i klassen. Så som svar på frågan hur arbetet ska gestaltas om en elev med AD/HD finns i klassen finns det inga självklara svar. Elever diagnostiserade med AD/HD är också inbördes olika och förändras över tid. Inte ens Socialstyrelsen som får sägas ge uttryck för ett medicinskt perspektiv menar att det finns självklara sätt att bemöta elevgruppen (Socialstyrelsen, 2002). Om vi tittar på de kriterier som finns för att ge AD/HD-diagnos så ger dessa inte mer information än vad en observant lärare kan notera relativt snabbt. En utredning av svårigheterna är något helt annat och kan vara mycket värdefull för alla inblandade parter. Det är viktigt att barn och elever i svårigheter uppmärksammas och får det stöd som är relevant. En bra utredning med relevanta åtgärder på olika nivåer är därför mycket betydelsefull. Det är självklart alltid viktigt att eleven själv får möjlighet att göra sin röst hörd och att påverka sin situation.

Ett liknande resonemang som förts kring AD/HD gäller för de övriga exemplen ovan. Det finns inga standardsvar för hur situationer där elever väljs bort av övriga elever i klassen ska hanteras. Däremot är det förstås ett allvarligt problem som kräver analys och åtgärder. Samma sak gäller det tredje exemplet där det i detta fall förmodligen är klokt att samarbeta med de sociala myndigheterna. I det fjärde exemplet finns det goda skäl att tro att undervisningen i klassen inte fungerar, även om situationen förstås måste utredas närmare.

Det har visat sig svårt att hitta pedagogiska arbetssätt som är skräddarsydda för specifika grupper med några tydliga undantag. Så behöver till exempel elever som är blinda eller har svåra synnedsättningar få tillgång till Braillealfabetet och speciella strategier för orientering i rummet och vissa elever med talmotoriska funktionsnedsättningar behöver använda alternativa kommunikationssätt. Annars förefaller det som om diagnoser och liknande bara ger ganska allmänna implikationer för hur undervisningen bör bedrivas. Om en elev exempelvis går i särskolan kan vi förvänta oss att han/hon i regel lär sig i ett långsammare tempo och inte når lika långt inom olika kunskapsområden. Om en elev har en hörselnedsättning behöver miljön anpassas. Men tumregler verkar vara *att den pedagogik som fungerar för alla elever också fungerar för elever som har svårigheter att nå målen* och att *den pedagogik som fungerar för elever som har svårigheter att nå målen också fungerar för alla elever.* Det är också denna slutsats som

Mitchell (2008) kommer till i sin metaanalys och flera andra också kommer fram till på andra vägar (Haug, 1998, Norwich, 2008).

Det är även så att heterogeniteten i vad som för många synes vara enhetliga grupper ofta är väldigt stor (Malmqvist, 2001 & Lang, 2004, vad gäller elever med rörelsenedsättning och Jakobsson, 2002, för olika mer sällsynt förekommande diagnosgrupper samt Al Otaiba & Fuchs, 2002, för elever med avkodningssvårigheter/dyslexi). I en syntes av metaanalyser av effekter av specialpedagogiska åtgärder drar Forness (2001) slutsatsen att undervisningsmetoder som används i den vanliga undervisningen är betydligt mer effektiva än metoder som utvecklats specifikt inom ramen för specialpedagogik. Något paradoxalt menar alltså Forness att det speciella i pedagogiken, alltså själva specialpedagogiken, är närmast kontraproduktiv för de metoder som ingår i hans metaanalys. Avvägningen mellan det allmängiltiga och det specifika har diskuterats tidigare i denna bok. Det finns en tradition som länge varit livskraftig där böcker om barn och elever i svårigheter fokuserar på specifika grupper. En hel bok kan handla om en grupp barn/elever eller så kan olika kapitel handla om olika problemgrupper.

Samtidigt är det så att skolan inte lyckas med alla elever inom ramen för den vanliga undervisningen (Skolverket, 2009) och det är naturligtvis viktigt att uppmärksamma de konkreta problem som barn och elever erfar. För de barn och elever som befinner sig i svårigheter i förskolan och skolan är det ganska poänglöst om forskare lyckas dekonstruera skolproblem på ett teoretiskt plan hur teoretiskt rimlig en sådan dekonstruktion än kan vara. Det finns risk att inte uppmärksamma att barn och elever lever under skilda förutsättningar. Hellberg (2007) beskriver hur föräldrar aktivt påverkar en kommun att skapa en särskild undervisningsgrupp för några elever med diagnosen Aspergers syndrom eftersom skolan helt misslyckats med att ge eleverna en rimlig skolsituation. I ett kapitel i Hellbergs avhandling återger hon dessa ungdomars berättelser om sin tidigare skolgång (jämför också Larsson Abbad, 2007). Flera av dem har mycket negativa erfarenheter av skolan. Det verkar också som om den grupp elever som i dag brukar beskrivas som att de har ”neuropsykiatriska funktionsnedsättningar”, det vill säga diagnoserna AD/HD, Aspergers syndrom, Tourettes syndrom, trotssyndrom och liknande, är den grupp för vilken skolan oftast skapar särlösningar (Nilholm, Persson, Hjerm & Runesson, 2007). Ibland beskrivs elevgruppen också som att de är i socioemotionella svårigheter.

Den benämning som väljs har delvis att göra med hur problemen förstås. Beteckningen "neuropsykiatriska funktionsnedsättningar" är framsprungen ur en medicinsk diskurs där ofta genetiska orsaker till svårigheterna identifieras medan beteckningen "socioemotionella svårigheter" mer öppnar upp mot miljöförklaringar (Nilholm, 2005, 2007). I vilket fall så antyder resultat från olika studier att skolans möte med eleverna präglas av osäkerhet och en mångfald av lösningar (Larsson, 2008) där inte sällan segregerande lösningar används, eleven ses som orsak till och ansvarig för problematiken (Ljusberg, 2009) och skolan visar en ambivalens i förhållningssättet till elevgruppen (Karlsson, 2007). Här kanske en av förskolans och skolans största utmaningar ligger, inte minst eftersom många av dessa elevers erfarenhet av skolan är så negativ att den inte borde tolereras på något sätt i ett modernt samhälle. Därmed inte sagt att det nödvändigtvis behövs specifika strategier för att möta elevernas behov men elever med dessa svårigheter är i ännu högre grad än andra elever beroende av en stabil skolmiljö.

Det är naturligtvis viktigt att arbeta förebyggande för att undvika att barn och elever hamnar i svårigheter och ett sådant arbete handlar till stora delar om hur lärare lyckas förmedla ett didaktiskt innehåll och skapa ett bra arbetsklimat. Det är alltså viktigt att läraren utvecklar sitt arbete med hjälp av kolleger och andra professionella. Samtidigt är det viktigt att analysera situationen noggrant för de barn och elever som hamnar i svårigheter. Det är också viktigt att undvika att se elever med olika typer av problem som representanter för en enhetlig grupp samtidigt som barns och elevers konkreta svårigheter alltid måste uppmärksammas. Följande lista summerar några av de faktorer som diskuterats ovan och på andra ställen i boken och som är betydelsefulla för att minska andelen barn och elever i svårigheter i förskola och skola:

- Motivation finns, d.v.s. området ses som viktigt.
- En genomtänkt undervisning som når alla elever och således fungerar förebyggande.
- Alla lärare känner sig delaktiga i arbetet.
- Barns och elevers svårigheter blir pedagogiska utmaningar.
- De arbetssätt som används har ett stöd i befintlig forskning. Här är det viktigt att inte endast beakta den forskning som gjorts på

gruppen utan att se att arbetssätt och metoder som fungerar för alla elever oftast också fungerar för barn och elever i svårigheter.
- Samarbete sker med andra yrkesgrupper och i vissa fall i samverkan med andra myndigheter (t.ex. med specialpedagogiska skolmyndigheten, SPSM, när eleven har en funktionsnedsättning).
- Noggranna analyser genomförs när barn och elever hamnar i svårigheter.
- Arbetet följs upp.

Sammanfattning

I kapitlet diskuteras inledningsvis fem olika idéer om relationen mellan forskning och undervisning:

1 evidensbasering av undervisningen
2 att grunda undervisningen i forskning med kvalitativa data
3 deliberativa samtal mellan forskare och praktiker
4 aktionsforskning
5 forskning som möjliggör reflektion.

Mer forskning av didaktisk karaktär som ligger nära den undervisningssituation som forskningen ska användas i efterlystes. Speciellt sådan didaktisk forskning som tar sin utgångspunkt i att undervisningen bedrivs med elever som har varierande förutsättningar, motivation och intressen. Genomgången i kapitlet visar att kunskap om forskningens villkor är viktig när sådan ska tas som utgångspunkt för undervisningen och att olika sätt att se på relationen mellan forskning och lärarens arbete har sina styrkor respektive svagheter. Samtidigt finns det en risk att lärare använder arbetssätt som har lite stöd i befintlig forskning och som marknadsförs av entreprenörer med ett ekonomiskt intresse att tjäna pengar på att skolor använder vissa arbetssätt. Att luta sig mot egen erfarenhet har också sina begränsningar. Till syvende och sist är det ändå till stora delar lärarnas kunskaper, omdöme, bedömningar och val som är avgörande för hur skolsituationen kommer att gestaltas för eleverna.

Avslutningsvis lyfte jag fram några faktorer som är betydelsefulla för att förebygga att elever hamnar i svårigheter respektive för att ge hjälp till barn och elever som hamnat i svårigheter.

Exkurs – nu sätts sökarljuset på läraren

Det är lätt att känna sig lite kluven inför den nya uppmärksamheten som riktas mot lärarprestationer. Vi som forskar kring arbetet med elever som inte når målen har länge varit mycket medvetna om lärarens betydelse för skolframgång och elevers skolsvårigheter. Nu har lärares betydelse alltmer kommit att uppmärksammas i allt fler sammanhang. I en inflytelserik rapport från konsultbyrån McKinsey & Company (2007) analyseras en rad av världens skolsystem för att hitta så kallade ”framgångsfaktorer”. Det slås fast i rapporten att flera av de åtgärder som tidigare genomförts för att öka effektiviteten i utbildningssystemen inte visat sig ha den effekt som eftersträvats. Exempelvis skrivs det i rapporten att det har varit svårt att visa att ökade resurser och därigenom till exempel högre lärartäthet eller införande av fristående skolor ökar effektiviteten i systemen på ett påtagligt sätt. I stället har lärarens betydelse för skolframgång alltmer kommit att uppmärksammas.

I rapporten analyseras ”effektiva” utbildningssystem för att hitta de faktorer som gör dessa framgångsrika. Framför allt fokuseras lärares utbildning och arbetsförhållanden. Även om det förstås är intressant och bra att jämföra utbildningssystem är rapporten ur ett forskningsperspektiv ett mindre väl genomfört arbete eftersom den utgår från två felaktiga premisser:

1 Man analyserar effektivitet utifrån hur ett lands elever presterar på internationella tester i framför allt matematik, läs- och skrivförmåga och naturorienterade ämnen. Därmed analyseras systemen bara utifrån ett fåtal av de mål som de ska uppnå. (Övriga ämnen räknas inte och ej heller andra viktiga mål som självständighet och kritiskt tänkande, goda relationer och att eleverna trivs i skolan och hur skolan förbereder för medborgarskap. I rapporten ingår till exempel skolsystem i länder som inte är demokratiska.)
2 Rapporten utgår ifrån korrelationsdata. Problemet är att utbildningssystem skiljer sig åt på en rad faktorer och det är närmast omöjligt att veta vilken faktor som *orsakar* skillnaden i prestationer. I rapporten lyfts de förklaringsfaktorer fram som rimmar väl med den egna agendan.

Poängen i sammanhanget är att när politiker och andra i ökande grad förstår innebörden av lärarens betydelse kommer de förmodligen att ägna än större energi åt att försöka säkerställa att lärarna är så kompetenta som möjligt. Så långt är allt väl, men det finns skäl att känna viss oro för utvecklingen. Vi har redan konstaterat att oavsett intentionerna så ledde No Child Left Behind till en försämrad skolsituation för många elever och dessutom till stress och ångest i skolor och bland lärare. I Sverige i dag förespråkas också en ökad central styrning av skolväsendet av många. Om nu lärare och lärares arbete identifieras som avgörande för skolframgång är det inte konstigt att deras arbete i allt högre grad blir föremål för styrning. När skolan kommunaliserades på 1990-talet fick kommuner och skolor ett stort inflytande över *hur* målen skulle uppnås medan *vilka* mål som skulle uppnås bestämdes centralt. Nu ökar styrningen av lärares arbete i ökande grad genom att till exempel fler nationella prov ska föras in. Antagandet är att lärare gör ett bättre arbete genom att bli mer styrda uppifrån. En konsekvens av att sökarljuset sätts på läraren har alltså blivit, och kan i ökande omfattning bli, att lärarens arbete styrs i högre grad utifrån, ungefär som före reformerna på 1990-talet. Vi kan tänka oss en hierarki från en lägre grad av styrning av lärares arbete till en högre, som innebär att:

- läraren bestämmer mål och medel för utbildningen
- läraren bestämmer medel men målen bestäms utifrån
- läraren bestämmer delvis medlen och målen bestäms utifrån
- läraren har ett mindre inflytande över medlen och målen bestäms utifrån
- medel och mål bestäms utifrån och läraren blir närmast en ”robot”.

Vi kan säga att utvecklingen under senare år har fört oss från den andra till den tredje nivån. Vidare finns idéer om att lärare i högre grad än tidigare ska grunda sin undervisning i forskning vilket kan föra oss till den fjärde nivån i hierarkin. En ökad styrning av lärare innebär ju också rent konkret att lärares tid får ägnas åt många uppgifter som ligger mer eller mindre vid sidan om undervisningen.

Som Ahlberg (2007) påpekar är det betydelsefullt att se skolans arbete i ett samhällsperspektiv. En intressant fråga i det sammanhanget är vilka konsekvenser för rekryteringen av lärarstudenter som ”demoniseringen” av skolan (som utmärkt den offentliga debatten i Sverige under senare år [jfr Wiklund, 2008]), läraryrkets relativt sätt låga löner och den ökade styrningen av läraryrket får. Att göra läraryrket attraktivt är en fråga av central betydelse.

KAPITEL 6

Makten över undervisningen

Följande observation gjordes i en studie av arbetet i ett klassrum[1]:

Lärare A arbetar mycket för att stärka "vi-känslan". En elev har blivit ledsen på rasten. Eleven vill gärna att konflikten löses i klassen. De inblandade ger alla sin berättelse. Övriga elever lyssnar för att senare komma in och ge sin syn på det som inträffat. Flera olika lösningar kommer fram. Under samtalets gång kommer ytterligare lösningar upp. A: *Kunde de inblandade ha gjort på ett annat sätt och hur hade det då kunnat se ut?* Eleverna är helt enkelt otroliga på att lyssna in och komma med kreativa lösningar. Det hela slutar med att A frågar: *Vad har vi lärt oss nu?* Hela tiden har samtalet förts i en demokratisk anda där alla röster som velat tala har blivit lyssnade till. A upprepar hela tiden: ... *inga förslag är fel – vi vill ha allas tankar i frågan ... Är det någon som har tänkt på samma lösning som Kalle?*

I detta sjätte och avslutande kapitel behandlas *maktfrågor*. I scenen ovan beskrivs en lärares konfliktbearbetning med elever. Vem har makten i situationen? Vi ska hålla den tanken aktuell när vi nu går över till att diskutera maktfrågor i skolan. Betydelsen av att analysera maktfrågor är väl närmast självklar. I ett demokratiskt samhälle måste maktfrågor hela tiden diskuteras och problematiseras. Grunden för ett demokratiskt samhälle är att makten utgår från folket. Men vad innebär det för maktfördelningen i skolan? Hur ska beslut om denna tas? Finns det gömda maktförhållanden som vi inte kommer åt? Dessa och liknande frågor diskuteras i detta kapitel. Inledningsvis föreslår jag en definition av begreppet makt. Sedan används

1 Observationen är en del av den studie som redovisas i Nilholm & Alm (2010a och 2010b).

den definitionen för att diskutera frågan om lärarens makt och vilken makt som kan betraktas som legitim respektive illegitim. Eftersom det finns en kritik mot att arbetet med elever som inte når målen handlar om makten att definiera avvikelse och att iscensätta metoder för att normalisera eleverna (jfr t.ex. Bartholdsson, 2007, Lundgren, 2006, Lutz, 2009) förs en diskussion kring dessa värdeladdade begrepp. Vad innebär avvikelse och normalisering? Hur ska elevers motstånd mot läraren tolkas? Och hur ska läraren utöva makt och samtidigt hantera pedagogiska utmaningar?

Makt – en definition

Det är riskabelt att ge sig in på att diskutera ett begrepp som makt. Begreppet är ofta laddat i den vardagliga användningen. Inte sällan ses det som lite fult att utöva makt. Historiskt sett har ofta makten setts som självklar och given till de särskilt lämpade genom Gud eller helt enkelt genom militär överlägsenhet. Kanske är det först i och med framväxten av ett demokratiskt och åtminstone skenbart egalitärt samhälle som makten ifrågasätts? Ett tag var det vanligt bland personer som med sina beslut har möjlighet att påverka situationen för andra att säga ”jag har ingen makt”. En anledning till påståenden om maktlöshet kan vara att de flesta beslutssituationer är inramade av en rad villkor: en politiker måste anpassa sig till det egna partiet, väljare, ekonomi och vad hon/han sagt tidigare. En risk med att diskutera begreppet är att det finns hyllmeter av litteratur i ämnet. Inte minst inom statsvetenskap och sociologi är makt ett centralt begrepp.

I detta kapitel föreslås en ganska enkel definition av makt som förefaller ha en intuitiv rimlighet: makt är möjligheten att genom beslut påverka situationen för andra och/eller att definiera situationer. Min maktdefinition har alltså en beslutskomponent och en mer ideologisk, eller diskursiv, aspekt. Den senare aspekten innebär att den som har möjlighet att definiera vad en situation handlar om utövar makt. Om en elev samtalar med en annan elev under en lektion och läraren säger: ”Sara, nu får du sluta störa klassen” och eleven svarar: ”Jag hjälper henne bara” har man två olika definitioner av vad som sker. Den som lyckas göra sin definition giltig utövar makt.

Lärarens makt

Samhället reglerar arbetet i klassrummet på många sätt. Inom läroplansteorin (Lindensjö & Lundgren, 2000) talar man om ideologisk, juridisk och ekonomisk reglering. Den kanske mest påtagliga juridiska regleringen är skolplikten, det vill säga det faktum att elever måste gå i den obligatoriska skolan. Styrdokument finns på olika nivåer och med olika juridisk status. Skollag och läroplaner visar på att frågan om lärarens makt i förskola och skola är ganska komplex. Som framgår i kapitel två innehåller läroplaner och kursplaner oerhört många mål som handlar om till exempel kunskapsutveckling, social förmåga och demokratisk kompetens. Skolan har enligt styrdokumenten ett huvudansvar för elevens lärande samtidigt som elevernas uppfostran är en gemensam angelägenhet för hem och skola, där hemmet dock tillskrivs det yttersta ansvaret. Eleverna ska till exempel fostras till att visa solidaritet med sina medmänniskor. Det är ingen lätt uppgift som läggs på lärare om vi beaktar de mål som de ska arbeta efter. Också skolor och kommuner har ett ansvar för hur målen uppnås. Målstyrningen är ett sätt att hantera maktfrågor. Innan skolan kommunaliserades var lärarens arbete i högre grad dikterat av kursplaner och liknande.

Men målstyrningen betyder att läraren inte har rätt att besluta vilka mål skolan ska arbeta efter. Vi kan tänka oss ett utbildningssystem där läraren har full frihet att bestämma över vad som ska ske i undervisningen men så är alltså inte fallet i Sverige. Snarare än att säga att det lärare gör i förskolan och i klassrummet handlar om maktutövning kan vi konstatera att läraren är en länk i en serie av maktrelationer. Ett annat sätt att uttrycka detta är att det finns ideologiska och juridiska ramar för den makt som läraren kan utöva.

Vi kan alltså konstatera att lärares maktutövning i klassrummet dels är *påbjuden*, det vill säga läraren ska utöva makt i klassrummet genom att fatta beslut om hur målen ska nås vad gäller lärandemål, sociala mål och demokratiska mål. De senare målen innebär bland annat att eleverna ska vara delaktiga i beslut utifrån ålder och mognad. Dels är lärares maktutövning *kringgärdad*, det vill säga det finns en stark styrning av lärares arbete. Inom sådana ramar har läraren makt att fatta beslut och definiera sitt arbete och i ramarna ingår alltså att elever och föräldrar ska ha inflytande. Detta innebär också att läraren har ett stort *ansvar* inom de ramar som ges.

Föräldrars och elevers makt

Mot lärarens makt brukar ställas föräldrars och elevers möjligheter till inflytande. Styrdokumenten för skola och förskola tydliggör att elever och föräldrar ska ha ett inflytande. I förskolans läroplan (s. 12) framgår att förskolläraren har ansvar för att "alla barn får ett reellt inflytande på arbetssätt och verksamhetens innehåll". Även i de övriga läroplanerna lyfts elevernas rätt till inflytande fram. Tanken är att inflytandet successivt ska öka ju äldre eleverna blir. Av styrdokumenten framgår också att föräldrar och elever ska ha rätt till inflytande i samband med utvecklingssamtal och vid upprättande av individuella utvecklingsplaner och åtgärdsprogram samt att klassråd ska upprättas i skolklasserna. Elever och föräldrar ska också informeras om målen med verksamheten. Det finns förstås ytterligare dokument som förskola och skola har att ta hänsyn till, till exempel FN:s barnkonvention. Englund (2009) betonar att barnkonventionen identifierar vissa grundläggande aspekter av barns rättigheter:

1 barnets rätt att inte diskrimineras
2 barnets bästa i främsta rummet
3 barnets rätt till liv, överlevnad och utveckling
4 barnets rätt att säga sin mening och få den respekterad.

Som tidigare nämnts ska elever i behov av särskilt stöd och deras föräldrar ha rätt att vara delaktiga i utvecklingssamtal och i upprättande av åtgärdsprogram och individuella utvecklingsplaner. Frågan är dock vad detta inflytande ska bestå av och hur omfattande det ska vara. Föräldrar och elever som är missnöjda med förskola och skola kan förstås utöva sitt inflytande genom det som i forskningen brukar kallas 'choice', det vill säga att man kan byta förskola/skola. Men hur ska inflytandet se ut inom ramen för till exempel ett utvecklingssamtal och vid upprättandet av ett åtgärdsprogram? Ett sådant inflytande kan uppfattas som en rätt att göra sin röst hörd och att få ge sitt perspektiv på saken. Men inflytande är ändå något mer och borde också innefatta rätten att definiera situationer till en viss del och att påverka beslut.

Vuxna har makt över barn. Det är lätt att se att barn är en grupp som marginaliserats i samhället och vars rättigheter ofta inte blivit tillgodosedda. Något som är utmärkande för kategorin barn är att det är en övergående identitet, det vill säga barn blir vuxna. Barn har i regel inte samma möjligheter som vuxna att fatta beslut över sina liv på grund av begränsade erfarenheter. Det är i det ljuset skrivningar om att barnet ska få mer inflytande med ökande ålder och mognad ska ses. Det är också viktigt att notera att just genom att få inflytande påverkas barns utveckling och möjligheter senare i livet. Om vi tycker att demokratifostran är en central uppgift för skolan kommer vi följaktligen att understryka betydelsen av att elever är delaktiga i så många beslut som möjligt. Det är också betydelsefullt om vi ser elevdemokrati såsom en individuell eller kollektiv företeelse. De flesta skulle nog mena att båda dessa aspekter av demokrati är viktiga men frågan är var man lägger tonvikten. Utan tvekan är det så att individualiseringen i skolan när det gäller arbetsformer har gått väldigt långt. Vi kan också se en mer genomgripande tendens både i förskola, skola och samhälle som innebär att individen blir alltmer i fokus. Inflytande i förskola och skola uppfattas förmodligen också alltmer som en individuell rättighet. Sådant inflytande sker alltmer i relation till utvecklingssamtal och individuella utvecklingsplaner. Samtidigt kvarstår mer kollektiva former för inflytande såsom föräldramöten och elevråd.

Legitim och illegitim makt

Om vi ska analysera lärares maktutövning i klassrummet är det oerhört betydelsefullt att skilja mellan vad som kan benämnas *legitim* respektive *illegitim* makt. Som påpekats ovan ska läraren utöva makt i klassrummet, det vill säga fatta beslut och definiera situationer. Detta är förstås en självklarhet men anledningen till att jag diskuterar det här är att när forskare analyserar lärares arbete i termer av maktutövning är det lätt att uppfatta denna som något klandervärt, speciellt som ordet makt tolkas som att andras handlingsutrymme begränsas. Om vi går utöver denna vardagliga tolkning är det självklart att konstatera att läraren ska utöva makt, det vill säga fatta beslut och definiera situationer inom de ramar som ges för arbetet. Att säga att lärare sysslar med maktutövning blir då en truism. Vi skulle bli fruktansvärt upprörda om en lärare inte utövade makt, det vill säga inte fattade beslut om undervisningens uppläggning, dess innehåll och liknande saker. Att inte utöva makt skulle ses som ett tjänstefel. Denna del av lärarens maktutövning är *legitim* i den bemärkelsen att samhället i en demokratisk process beslutar om hur makten över förskola och skola ska fördelas. Politiker, tjänstemän, elever, barn, lärare och andra har olika roller i förskolans och skolans arbete. Om väljare är missnöjda med maktfördelningen i förskolan och skolan har de möjlighet att rösta på en politik som avser att förändra denna maktfördelning, till exempel genom att ge mer eller mindre makt till lärare.

Om läraren utövar *illegitim* makt innebär det att läraren fattar beslut och definierar situationer på ett sätt som är oförenligt med de ramar som kringgärdar arbetet. Illegitimt är att kränka elever, inte ge dem möjligheter att nå målen, att inte låta eleverna utöva inflytande och så vidare. Anledningen till att jag lyfter fram båda dessa former av maktutövning är att forskare inte alltid tydligt skiljer dem åt. Frågan om illegitim och legitim makt blir än mer komplex när vi närmar oss frågan om hur barn och elever i svårigheter ska identifieras och stödjas.

Avvikelse och normalisering – en diskussion[2]

En inte ringa del av forskningen som behandlar situationen för elever som inte når målen i den svenska skolan använder begrepp som *normalisering* och *avvikelse*. Det förra begreppet kan betyda ganska olika saker. En första iakttagelse är att det inte låter speciellt trevligt. Det är också lätt att uppfatta begreppet *normalisering* som att det handlar om att göra alla lika, men det behöver det förstås inte innebära. När det använts inom forskningen om elever som inte når skolans mål är normaliseringsbegreppet nära kopplat till avvikelsebegreppet. Det kan vara på sin plats att göra en skillnad mellan en *smal normalitet*, där det bara finns ett begränsat utrymme för individualitet, och en *bred normalitet* där det då finns utrymme för en större variation i beteende. Att identifiera kategorier av avvikare, exempelvis elever med utvecklingsstörning och elever med dyslexi, innebär dock att normalitetens gränser stakas ut. Sådana kategorier av elever har identifierats på olika sätt i skolhistorien, delvis beroende på vilka professionella grupper som haft tolkningsföreträde när det gäller ”avvikande” beteende (Hellblom-Thibblin, 2004). När eleven hamnar utanför en gräns har hon/

2 I resten av kapitlet diskuteras skolan men resonemangen är till stora delar tillämpliga också på förskolans verksamhet.

han blivit identifierad som annorlunda (jfr Grooth, 2007). Ofta menar forskare att de åtgärder som skolan sätter in är försök att normalisera eleven, d.v.s. åstadkomma att hon/han återinförs innanför normalitetens gränser. I det sammanhanget står normalitet och avvikelse i förbindelse med sociala identiteter genom att individen kategoriseras (Hjörne, 2004, Hjörne & Säljö, 2008). Det är fruktbart att skilja på identifiering och normalisering av avvikande *identiteter* respektive identifiering och normalisering av avvikande beteende i *situationer*. De senare processerna kan drabba även den elev som inte tillskrivits en mer permanent avvikande identitet och är mer förenligt med en bred normalitet.

Intressant nog uppstår vad omgivningen betraktar som normbrott i alla sociala miljöer: i familjer, på arbetsplatser, i bussköer och så vidare. I dagligt tal definierar vi ofta avvikare, t.ex. genom att konstatera att ”hon är lite konstig”. Vi behöver inte ens alltid säga det utan vi har i allmänhet starka förväntningar på hur personer kommer att uppträda i sociala situationer. Exempelvis är vi enormt känsliga för vilket avstånd som är rimligt att hålla till samtalspartnern i olika typer av samtal. Den amerikanske sociologen Howard Garfinkel (1967) gav upphov till begreppet *Garfinkling* vilket innebär att man medvetet gör något annat än vad som förväntas i en social situation. Ett exempel på vad sådan *Garfinkling* kan innebära är om en person i stället för att ställa sig sist i en kö ställer sig först. Då kan den personen ganska säkert förvänta sig att bli kategoriserad som en avvikare, ”idiot”, ”en som tränger sig före”, samtidigt som normaliseringsprocesser uppstår (”du måste ju fatta att man ska ställa sig sist i kön”). Situationella normbrott behöver dock inte innebära att vi tillskrivs en identitet som avvikare.

Ofta finns det inom forskningen en stark kritik mot att avvikare identifieras i skolan. Kritiken är inte alltid direkt utan framförs i termer av något annat, t.ex. kan en forskare utge sig för att vara intresserad av *hur* normalisering och avvikelse konstrueras i skolan. Som Ian Hacking (1999) konstaterat är dock ett sådant intresse oftast ett uttryck för ett ogillande av *att* avvikelser identifieras. Därför finns det få studier av hur identiteter som ”brandman”, ”sjuksköterska” o.s.v. konstrueras men desto fler studier av negativa identiteter. Jag har i andra sammanhang (Nilholm, 2007) argumenterat för att en kritik av kategoriseringar av elever ofta grundar sig på en idé om att vi skulle kunna undvika sådana kategoriseringar. Det vore en fantastisk skola där inga elever behövde kategoriseras, inga beteenden ses som avvikande och inget behov av normalisering skulle finnas. Haug (1998) skisserar en sådan modell för skolan. Han kallar modellen *inkluderande integrering* och den innebär just att ingen elev ska pekas ut eller avvisas. Rätten till delaktighet ska vara överordnad prestationen, vilket till exempel får till konsekvens att elever i särskolan ska gå i vanliga klasser. Tyvärr är det dock så att det inte finns några exempel på klasser där det inte föreligger normer för hur man ska vara eller någon värdering av beteenden. I stället för att tro att vi kan undvika att vara normativa och värdera elever är det mer funktionellt att diskutera hur man ska kunna vara normativ och värderande på ett så bra sätt som möjligt.

Samma sak gäller frågan om makt. Det är inte någon intressant iakttagelse att konstatera att lärare utövar makt. En mer relevant fråga är hur sådan maktutövning kan göras på bästa sätt, även om det förstås inte finns några enkla svar på denna typ av frågor. Kritiken mot att elever tillskrivs identiteter som avvikare är oftast rimlig, även om elever som inte når målen måste identifieras på något sätt. Därför kan vi aldrig helt komma bort ifrån att dessa elever i någon mening tillskrivs negativa identiteter. Det svenska systemet har i ett internationellt perspektiv varit relativt lite utpekande vad gäller grundskolan. Identiteten "elev i behov av särskilt stöd" kräver ingen medicinsk diagnos. Diagnoser krävs dock för inskrivning i särskolan, för att få hjälp av specialskolemyndigheten och för inskrivning i specialskolor. I exempelvis det amerikanska systemet diagnostiseras betydligt fler elever eftersom sådana diagnoser är en förutsättning för att få hjälp. Det finns dock en del tecken på att Sverige också är på väg i denna riktning.

I ett klassrum precis som i alla sociala sammanhang kommer alltså normer att etableras. Av läroplanen framgår exempelvis att elever ska lära sig demokrati genom att bland annat bli delaktiga i demokratiska processer, lära sig att vara solidariska med svagare grupper och lära sig diskutera och lyssna till andras argument. Vidare framgår av målen i kursplanerna vad elever förväntas lära sig i de olika ämnena. Om en elev av olika anledningar inte vill eller kan uppnå dessa mål måste läraren försöka göra något åt saken. Lärarens skyldighet är alltså att i denna mening försöka normera elevens beteende. Om elevens problem är stora ska eleven enligt gällande lagstiftning erhålla ett särskilt stöd och måste därför tillskrivas en avvikande identitet, en elev i behov av särskilt stöd. Det är svårt att se hur lärare skulle kunna arbeta utan att använda värderande kategoriseringar av elever och utan att försöka förändra elever i en normativ riktning.

Kanske ska andra ord användas i detta sammanhang? *Avvikelse* och *normalisering* är så starkt värdeladdade. Historiskt har skolan verkligen sorterat elever på ett sätt som bör kritiseras. Men de processer som de betecknar, d.v.s. identifikationen av att någon avviker från en norm/normalitet och att vederbörande anses behöva förändras, förefaller vara ofrånkomliga drag i alla sociala system. Det gör också att det är viktigt att kritiskt granska grunderna för hur sådana kategoriseringar görs inom ramen för exempelvis ett utbildningssystem. Snarare än att kritisera att sådana processer förekommer blir det intressantare att diskutera hur skola och lärare till exempel kan identifiera elever i svårigheter på ett sätt som är så lite utpekande som möjligt. Gissningsvis är en bred normalitet och en situationell snarare än identitetsmässig identifiering av avvikelse från normer mer funktionell i detta avseende. Inte minst viktigt blir ett förebyggande arbete som gör att barn och elever inte hamnar i svårigheter. Men om de problem eleven är bärare av inte identifieras eller negligeras kan detta också få svåra konsekvenser.

Makten och elevernas motstånd

Även om lärare försöker arbeta enligt läroplanen genom att exempelvis göra eleverna delaktiga i läroprocessen och/eller ser till att klassen har ett elevråd, så tolkas lärares arbete i vissa analyser som manipulationer som handlar om något annat än vad det ger sken av. Ofta tolkas sådana maktstrategier, utifrån perspektiv inspirerade av den franske socialfilosofen Foucault (se Fraser, 2003) som att läraren styr individernas mentalitet så att de ska bli självstyrande eftersom samhället behöver individer som kan styra sig själva så att säga inifrån. Det finns flera stora problem med denna typ av tolkningar. För det första blir elevers upplevelse av att kunna bestämma över och påverka sin situation oväsentliga i den meningen att de skulle vara uttryck för ett *verkligt* inflytande. Tvärtom är elevers upplevelse av inflytande oftast ett tecken på att de är manipulerade. Om elever är nöjda med sin skolsituation tolkas detta som att de anpassar sig till rådande normalitet och inte som ett aktivt val de gör gällande hur de ska bete sig i skolan. Det andra problemet är nära relaterat till det första och handlar om att läraren inte heller förstår vad hon/han gör.

Båda dessa invändningar gäller ett generellt problem med det som brukar kallas *misstänksamhetens hermeneutik*, det vill säga en misstänksamhet mot vardagliga tolkningar av fenomen. Välkända representanter för misstänksamhetens hermeneutik är Freud och Marx. Den förre argumenterade för att förträngda psykiska konflikter gör att vi inte ser saker för vad de är. Marx menade att människorna inte förstår de reella omständigheterna som är gömda bakom ideologiska rökridåer. Båda dessa teoretiker menade att deras egna teorier speglade verkligheten som den är. De definierade till och med in motståndet mot sina teorier i de egna teoretiska termerna. Att inte inse psykoanalysens sanning var ett psykologiskt tillkortakommande och att inte förstå historiens dialektik var att vara underkastad osanna ideologier. Det finns ett religiöst drag i dessa teoretiska mönster. Endast den upplyste kan se sanningen.

I de maktteorier som underkänner elevers och lärares egna upplevelser och erfarenheter är det lätt att spåra dessa drag. Är det då ett problem? Ja, om teorin är dåligt underbyggd och/eller om den inte har något svar på hur situationen ska kunna förändras. Annorlunda uttryckt, om teorin inte kan svara på vilket motstånd som leder i en rimlig riktning. Denna senare punkt diskuteras i nästa stycke. Vad gäller underbyggnaden av teorin skulle väl de flesta mena att det är ytterst meningsfullt att upprätthålla de distinktioner som används i vardagligt tal om elevinflytande. Att de teorier om makt och inflytande som styr gestaltningen av dagens skola är giltiga. Det är helt enkelt viktigt att elever får påverka sin situation. Ytterligare ett problem med misstänksamhetens hermeneutik är att den blir monologisk. Eftersom den producerar en högre sanning kan inte andras ”sanningar” påverka den. Man skulle kunna säga att dessa teorier passar som hand i handske på forskaren som vill ha tolkningsföreträde vad gäller det som sker i skolan.

Om vi betraktar lärarens agerande som maktutövning kommer vi också att kunna identifiera elever som gör motstånd. Sådant motstånd kan ta sig många olika uttryck, exempelvis:

- vägran att delta i det arbete som läraren föreslår
- försök att motstå en kategorisering (som t.ex. problembarn)

- argumentation för att arbetet borde läggas upp på ett annat sätt
- skolk
- baktalande av läraren.

Om vi fortsätter diskussionen ovan gällande teorier som ser det lärararbete som bedrivs som manipulerande maktutövning uppstår problemet med hur det avgörs vad som är ett konstruktivt motstånd. Vi skulle möjligen kunna tillstå att motståndet är meningslöst eftersom maktstrategierna alltid ligger steget före. Frågan som uppstår då är varför vi över huvud taget behöver forskning om detta när slaget så att säga redan är förlorat. Men om vi menar att motståndet kan vara meningsfullt måste vi kunna argumentera när och varför det är meningsfullt. Marx hade ett tydligt svar på detta. Att anamma hans teori var en förutsättning för att göra motstånd. Motståndet var heller inte förgäves enligt vissa tolkningar av Marx utan pekade i stället mot frigörelse. Alltså fanns det ett potentiellt frigörande moment i teorin, om den är rätt. I den mån en teori om motstånd inte identifierar någon väg mot ökad frihet blir själva idén om motstånd paradoxal. Varför ska elever göra motstånd?

Här lämnas teorier som inte skiljer på olika typer av motstånd. En början på en analys av olika typer av motstånd kan vara att skilja på motstånd som riktar sig mot legitim makt och sådan som riktar sig mot illegitim makt. Medan den senare formen av motstånd alltid i någon mening är rätt är den förra typen mer problematisk ur analytisk synvinkel. Dels finns det en oklarhet vem motståndet riktas mot. I den mån läraren är ansvarig för mål som beslutats av andra kan också motståndet ses som en relation till dessa andra snarare än mot läraren. Dels är det inte så att allt sådant motstånd kan ses som rimligt. I detta sammanhang är det viktigt att vara tydlig med vad ens analytiska utgångspunkter är. Om utgångspunkten är barns perspektiv blir barnets motstånd närmast a priori riktigt. Om vi utgår från subjektets rationalitet är handlandet rimligt utifrån dess utgångspunkter. Så om vi vill förstå elevers agerande är det nödvändigt att utgå från deras utgångspunkter.

I de fall där eleven gör motstånd mot vad som ovan betecknats som legitim makt hamnar läraren i en svår situation. Från lärarens synvinkel, och vi bortser i detta sammanhang från lärare som utövar illegitim makt, kan vi göra en distinktion mellan legitimt och illegitimt motstånd. *Legi-*

timt motstånd är sådant motstånd som inte ifrågasätter de grundläggande målen för lärarens verksamhet som är förankrade i en demokratisk process. *Illegitimt motstånd* är sådant motstånd som handlar om att ifrågasätta grunden för lärarens verksamhet. Notera att ett sådant motstånd alltså inte är illegitimt ur barnets perspektiv utan ur lärarens, och i den mening som läraren medierar målsättningar som beslutats på demokratisk väg i samhället, också ur samhällets synpunkt. Exempel på illegitimt motstånd i denna bemärkelse är elever som utsätter andra elever för mobbning. Vi kan också tänka oss att motstånd mot maktutövning kan ha en kollektiv dimension, det vill säga en grupp eller hela klassen kan utöva motstånd. Också här blir dimensionen illegitim/legitim betydelsefull.

Motstånd som metafor – en kritisk diskussion

Ett problem med metaforen motstånd är att den så klart definierar roller. Läraren blir den som utövar makt och därmed fattar beslut om vad eleverna ska göra och definierar också till delar deras verklighet. Eleverna försvarar sig genom att göra motstånd. Motstånd är ju en krigsmetafor där det i till exempel motståndsrörelser ofta handlat om att nationer försvarat sitt nationella oberoende. Metaforen för alltså med sig en bild av att en part kränker en annan parts gränser. Den för också med sig idén att det finns ett oförsonligt förhållande mellan parterna. Jag är inte alltid säker på att vi tar barnperspektivet på allvar om vi tillskriver elever en sådan begränsad roll. Kan inte elever och elevgrupper utöva makt mot lärare genom att bestämma och definiera situationer? Ett exempel på detta är att elever ofta definierar kamratrelationer som det viktigaste i skolan. Är det inte ett sätt att definiera verkligheten som uttrycker makt? Kan inte läraren göra motstånd mot en elev eller elevgruppen? Jag hävdar att detta ofta är en fråga om hur det ser ut rent empiriskt. Lärare och klassrum är på det sättet olika även om vi förstås kan förvänta oss att det vanliga är att läraren har ett stort utrymme.

Ett liknande problem som metaforen för med sig är att vi lägger fokus på oppositionen mellan lärare och elever. Detta är förstås en viktig aspekt av relationen, men vi kan också tänka oss att lärare och elever i vissa situationer har gemensamma intressen och samarbetar. I de fallen kanske inte en krigsmetafor är det rätta sättet att beskriva deras relation? Om lärare och elever arbetar tillsammans för att samla in pengar till en klassresa, om de utarbetar regler för vad som ska vara tillåtet och inte tillåtet i klassrummet eller helt enkelt arbetar inom ramen för ett skolämne behöver inte motsättningarna vara så stora. Lärare och elever är helt enkelt överens. Samarbetet går som en dans vilket då skulle kunna vara en bättre metafor för att skildra relationen lärare och elev. Det är alltså riskabelt att på förhand bestämma vilken metafor som beskriver relationen lärare och elev. Linell (1982) beskriver olika metaforer för att förstå mänsklig kommunikation, t.ex. möte, förhandling, krig o.s.v. Linell menar att vi behöver många metaforer för att förstå kommunikationens olika former och på samma sätt kan man hävda att vi behöver många metaforer för att förstå vad som pågår i ett klassrum.

Illegitim makt – exemplet elever som inte når målen

Som beskrivits tidigare finns en tendens till att individualisera problem i skolan. Trots att det i riktlinjer för exempelvis åtgärdsprogram står att elevers svårigheter ska analyseras på gruppnivå är detta sällan fallet i verkligheten. Det finns alltså ingen legitimitet att rutinmässigt karakterisera elevers skolproblem som orsakade av dem själva. Vidare kan det vara värt att notera att elever enligt läroplanen ska ges möjligheter att nå målen. Denna formulering är vag och skiljelinjen mellan vad som utgör legitim respektive illegitim makt för läraren blir en gråzon. Vilka möjligheter måste läraren tillhandahålla? Vilket stöd har hon/han rätt att själv kräva? Det finns heller inte grund för att diagnoser ska ha betydelse för erhållande av stöd eller för stödets omfattning. Därför är det rimligt att påstå att det utövas illegitim makt när diagnoser krävs för att elever ska erhålla stöd utöver de sammanhang där de krävs av gällande lagstiftning och riktlinjer. Det är förstås också illegitimt att inte ge stöd när en elev har rätt till detta enligt gällande lagstiftning. Vidare förvisas elever i behov av särskilt stöd ibland till särskilda undervisningsgrupper i en omfattning som inte avses i lagstiftning och riktlinjer. Skolan utövar alltså en hel del illegitim makt gentemot elever med rätt till särskilt stöd. Det är inte heller så att alla elever i behov av särskilt stöd går i klasser där man respekterar olikhet. Listan på illegitim maktutövning kan göras betydligt längre eftersom skolan ofta är långtifrån vad som utlovas i styrdokumenten.

Sammanfattning

En utgångspunkt i kapitlet är att läraren har makt. Eftersom makt ofta är associerad till företeelser som att tvinga någon till något finns det något "fult" i att ha makt. Men om vi med makt menar rätten att fatta beslut och att definiera situationer i skolan blir det självklart att läraren har makt och ska utöva makt. Det finns dock klara begränsningar för maktutövningen. Dels måste läraren realisera de mål som ställs för skolan, vilket innebär en mycket stark begränsning för vad läraren kan göra. Dels har eleverna också makt att fatta vissa beslut och att definiera situationer. Lärare och elever kan ha en gemensam syn på vad de ska göra tillsammans men ibland kan också elever, individuellt och/eller kollektivt, göra motstånd mot lärarens maktutövning. I det sammanhanget är det viktigt att skilja på lärarens legitima och illegitima makt och därmed på vad som ur skolans synvinkel blir legitimt och illegitimt motstånd. I kapitlet diskuterar jag också begreppen normalisering och avvikelse. Att identifiera avvikelse brukar associeras med att elever tillskrivs mer permanenta identiteter. Jag argumenterar dessutom för att det är omöjligt i skolan, likväl som i alla sociala sammanhang, att inte etablera normer för vad som anses normalt och avvikande. Då blir det viktigt att detta görs på ett så bra sätt som möjligt snarare än att man låtsas som om det kan undvikas helt. Vad som går att åstadkomma är att förskolan och skolan blir så lite utpekande som möjligt och att identiteter som till exempel "elev i behov av särskilt stöd" blir så tillfälliga som möjligt. Härvidlag är, som jag påpekat vid ett flertal tillfällen i boken, det förebyggande arbetet av avgörande betydelse.

Utifrån den diskussion som jag för i kapitlet sker idag utan tvekan en illegitim maktutövning i arbetet med elever i behov eftersom skolproblem rutinmässigt individualiseras och skolan arbetar med kategoriseringssystem och organisatoriska lösningar som inte har stöd i skolans riktlinjer. Elever får inte heller alltid stöd när de har rätt till det (Nilholm m.fl., 2007) och inte heller alltid rätt stöd.

Exkurs – det individuella och det gemensamma

Det ligger en hel del i att skolan alltmer blivit ett projekt för individen, där denne i ökande grad ska kunna planera och styra sig själv och sitt eget arbete (Carlgren & Marton, 2002). Detta är förstås kvalitéer som är viktiga i ett modernt samhälle. I sammanställningen nedan gör jag ett försök att sammanfatta några tendenser vad gäller den ökande individualiseringen i skolan.

TABELL 1. Förskjutningen från det gemensamma till det individuella i skolan.

Tidigare	Nu
Beslut om skolan tas i den "stora demokratin"; medborgarskap	Beslut om skolan tas alltmer i form av val; konsumentroll
Arbetsformerna domineras av gemensamma genomgångar, man går fram i gemensam takt genom stoffet	Det individuella arbetet får stor betydelse; det gemensamma handlar i högre grad om administrativa genomgångar
'Gemeinschaft' (ovillkorade gemenskaper)	'Gesellschaft' (valda gemenskaper)
Demokrati = 'voice' (att förändra genom att påverka inifrån)	Demokrati = 'choice' (att påverka verksamheten genom att välja) (o 'voice')
Viktigt att olikheter möts i skolan	Viktigt att varje individ får välja det som passar honom/henne; individuella utvecklingsplaner, självreglering
Professionalitet är att få gemenskapen att fungera	Professionalitet är att hjälpa varje individ utifrån dennes förutsättningar

Min beskrivning bygger delvis på den analys som Tomas Englund (t.ex. 1993) tidigt identifierade som ett systemskifte i svensk utbildningspolitik. Vi kan tänka oss en skola som blir än mer individualiserad. En skolpeng skulle kunna fördelas direkt till föräldrar och elev som då köper sin utbildning på marknaden. Om de individuella målen och resultatmålen får en helt dominerande betydelse kan vi tänka oss en situation där skolor helt individualiserar undervisningen och upplöser vad som syntes vara eviga aspekter av skolverksamhet såsom klassrum, klasser och scheman. En sådan undervisning kan ges via internet och då blir själva skolan en mer eller mindre virtuell skapelse. Detta är spekulationer och få önskar förmodligen denna utveckling. Dock finns det redan skolor som har vissa av dessa karakteristika.

Jag konstaterade ovan att förmågan att styra sig själv och sitt eget arbete är betydelsefull i dagens samhälle. Förmodligen har denna egenskap alltid varit betydelsefull. Också i dagens samhälle och arbetsliv värdesätts individer som på ett självständigt sätt kan planera och genomföra sitt arbete. Men det finns förstås en annan sida av saken. I samhälle och arbetsliv ingår individen i gemenskaper. Dessa gemenskaper har mål som går utöver individen och om man bortser från hur gruppen når de gemensamma målen blir verksamheten obegriplig. Det handlar alltså inte om individer som var och en driver sina egna projekt vid sidan om andra individer utan om ett genuint samarbete.

Företag behöver produktutveckla, universitet ska skapa ny kunskap och sjukhus ska bota sjukdomar. I mångt och mycket är dessa verksamheter uppbyggda kring kollektiva aktiviteter. Företag har projektgrupper, universitet forskargrupper och sjukhus har team av olika slag. En viss del av arbetsuppgifterna är förstås individuella. Poängen här är att det måste finnas en balans mellan det individuella och det gemensamma. Det finns en hel del i dagens skola som pekar mot att eleverna inte förbereds för samarbete på ett tillräckligt bra sätt. Vi kan göra en analogi med ett fotbollslag. I ett fotbollslag har alla olika uppgifter, några ska framför allt försvara laget så att motståndarna inte gör mål. Andra spelare har som huvuduppgift att göra mål och några har båda dessa uppgifter. Om vi tränar fotbollsspelare på det som de som individer ska behärska såsom att kunna transportera bollen springande och att skjuta den, och utelämnar sådana aktiviteter som bygger på samspel som att passa, kasta inkast och slå hörnor så utvecklar vi förmodligen inga bra fotbollsspelare. På så sätt är fotboll en bra bild av hur det individuella och det gemensamma samspelar i mänskliga aktiviteter.

För en lärare är ofta klassen den enhet som hon/han tänker kring. Men det är förstås betydelsefullt huruvida eleverna uppfattar sig som en klass eller ej och om klassen i så fall är något positivt för dem. Det finns inga mål för klasser i styrdokument, utan dokumenten talar om mål för de enskilda eleverna. Individer men inte klasser betygssätts. Klassen kan bli en enhet som en elev råkar befinna sig i men som hon/han inte identifierar sig med. I värsta fall kan klassen vara något som väcker fruktan, åtminstone delar av den. Jag tror att betydelsen av att bygga upp ett fungerande samarbete i en klass ofta ägnas alldeles för lite tid. Det är oerhört förvånande att så lite tid i skolan ägnas åt samarbete när detta är av en sådan avgörande betydelse i många sammanhang i arbetslivet. Även i samhällslivet generellt är det betydelsefullt att identifiera sig med och verka inom gemenskaper. Det är förmodligen så att en hel del av det gemensamma i skolan skapas av eleverna själva i deras relationer med varandra. Lite tid ägnas åt grupparbete trots att det finns en hel del forskning som visar att detta kan ha positiva effekter också på det individuella kunskapstillägnandet utöver att det erbjuder träning i att ta andras perspektiv, att förhandla utifrån olika utgångspunkter, att erfara att andra kan vara till hjälp och att man kan hjälpa andra. Inte minst viktigt är också förmågan att kunna ta en ledarroll i en grupp. Elever som lär sig fungera i och ta ansvar för en grupp kan således förmodas vara väl förberedda för viktiga delar av yrkeslivet.

LITTERATURFÖRTECKNING

Abbot, L. (2007). Northern Ireland special educational needs coordinators creating inclusive environments. An epic struggle. *European Journal of Special Needs Education* 22 (4), s. 391–407.

Ahlberg, A. (2001). *Lärande och delaktighet*. Lund: Studentlitteratur.

Ahlberg, A. (2007). Specialpedagogik av i går, i dag och i morgon. *Pedagogisk Forskning i Sverige* 12 (2), s. 84–95.

Ahlberg, A. (red.) (2009). *Specialpedagogisk forskning. En mångfacetterad utmaning*. Lund: Studentlitteratur.

Ahström, K-G., Emanuelsson, I. & Wallin, E. (1986). *Skolans krav. Elevernas behov*. Lund: Studentlitteratur.

Ainscow, M. (1998). Would it work in theory? Arguments for practitioner research and theorising in the special needs field. I: Clark, C., Dyson, A. & Millward, A. (red.). *Theorising special education,* s. 123–137. London: Routledge.

Al Otaiba, S.L. & Fuchs, D. (2002). Characteristics of children who are unresponsive to early intervention. A review of the literature. *Remedial and Special Education* 23 (5), s. 300–316.

Ambjörnsson. F. (2004). *I en klass för sig. Genus, klass och sexualitet bland gymnasietjejer*. Stockholm: Ordfront. (Avhandling)

American Psychiatric Association (1994). *Diagnostic and statistical manual of mental disorders*, fjärde utgåvan (DSM-IV). Washington, DC: American Psychiatric Association.

Andreasson, I. (2007). *Elevplanen som text. Om identitet, genus, makt och styrning i skolans elevdokumentation*. Göteborg: Göteborgs universitet. (Avhandling)

Anspach, R. (1979). From stigma to identity politics. Political activism amongst the physically disabled and former mental patients. *Social Science and Medicine* 13, s. 765–773.

Areschough, J. (2000). *Det sinnesslöa skolbarnet. Undervisning, tvång och medborgarskap 1925–1954*. Linköping Studies in Arts and Science No. 220. Linköping: Institutionen för Tema, Linköpings universitet. (Avhandling)
Asp-Onsjö, L. (2006). *Åtgärdsprogram – dokument eller verktyg? En fallstudie i en kommun*. Göteborg Studies in Educational Sciences, 248. Göteborg: Acta Universitatis Gothoburgensis. (Avhandling)
Asp-Onsjö, L. (2011). Föräldrainflytande och elevdokumentation i skolan. I: Eriksson-Gustavsson, A.L., Göransson, K. & Nilholm, C. (red.). *Specialpedagogisk verksamhet i grundskolan*. Lund: Studentlitteratur.
Assarsson, I. (2007). *Talet om en skola för alla. Pedagogers meningskonstruktion i ett politiskt uppdrag*. Malmö Studies in Educational Sciences. No. 28. Malmö: Högskolan i Malmö. (Avhandling)
Atterström, H. & Persson, R. (2000). *Brister eller olikheter? Specialpedagogik på alternativa grundvalar*. Lund: Studentlitteratur.
Axelsson, T. (2007). *Rätt elev i rätt klass. Skola, begåvning och styrning 1910–1950*. Linköping Studies in Arts and Science No. 379. Linköping: Institutionen för Tema, Linköpings universitet. (Avhandling)
Bagga-Gupta, S. (2004). Forskning om mångfald och utbildningsinstitutioner som arenor för mångfald. Demokratiska aspekter. *Utbildning & Demokrati* 13 (2), s. 115–149.
Ball, S. (1987). *The micro-politics of the school. Towards a theory of school organisation*. London: Methuen.
Bartholdsson, Å. (2007). *Med facit i hand. Normalitet, elevskap och vänlig maktutövning i två svenska skolor*. Stockholm: Socialantropologiska institutionen, Stockholms universitet. (Akademisk avhandling)
Bengtsson, K. (2006). *Talandet som levd erfarenhet. En studie av fyra barn med Downs syndrom*. Karlstad University Studies; 2006:45. Karlstad: Karlstads Universitet. (Avhandling)
Bernstein, B. (2003). *Class, codes and control*. London: Routledge.
Bjurulf, V. (2008). *Teknikämnets gestaltningar. En studie av lärares arbete med ämnet teknik*. Karlstad University Studies; 2008:29. Karlstad: Karlstads Universitet. (Avhandling)
Björck-Åkesson, E. (2007). Specialpedagogik. Ett kunskapsområde med många dimensioner. I: Nilholm, C. & Björck-Åkesson, E. *Reflektioner kring specialpedagogik. Sex professorer om forskningsområdet och forskningsfronterna*. Vetenskapsrådets rapportserie 5:2007.
Bladini, K. (2004). *Handledning som verktyg för rum och reflektion. En studie av specialpedagogers handledningssamtal*. Karlstad University Studies; 2004:64. Karlstad: Karlstads Universitet. (Avhandling)

Bladini, K. (2011). *Att tillsammans ta ett steg tillbaka*. I: Eriksson-Gustavsson, A.L., Göransson, K. & Nilholm, C. (red.). *Specialpedagogisk verksamhet i grundskolan*. Lund: Studentlitteratur.

Blake, N., Smeyers, P., Smith, R. & Standish, P. (red.) (2003). *The Blackwell guide to the philosophy of education*. Malden, Ma: Blackwell Publishing.

Bohlin, I. (2010). Systematiska översikter, vetenskaplig kumulativitet och evidensbaserad pedagogik. *Pedagogisk Forskning i Sverige* 15 (2–3), s. 164–186.

Booth, T. & Ainscow, M. (2002). *Index for Inclusion. Developing learning and participation in schools*. Bristol: Centre for Studies on Inclusive Education.

Broady, D. (2008). En illa vald titel. Noteringar till 2008 års utgåva på svenska av Pierre Bourdieu och Jean-Claude Passeron, Reproduktionen. *Pedagogisk Forskning i Sverige* 13 (3), s. 176–192.

Brynolf, M., Carlström, I., Svensson, K-E. & Wersäll, B-L. (2007). *Läraryrkets många ansikten*. Stockholm: Runa Förlag.

Bourdieu, P. (1986). The *forms of capital*. I: Richardson, J. (red.) *Handbook of theory and research for the sociology of education*. New York: Greenwood.

Carlgren, I. & Marton, F. (2002). Lärare av i morgon. Stockholm: Lärarförbundet.

Carlsson, R. (2007). En myndighets gestaltning av ett uppdrag. Fallstudie av en utbildning kring åtgärdsprogram. *Specialpaedagogik – en tidskrift för specialundervisning og anden specialpaedagogiskt bistand* 27 (6), s. 57–73.

Carlsson, R. (2010). *Gamla mönster i nya former? Tre studier om specialpedagogik i teori och praktik*. Licentiatavhandlingar i pedagogik, 5. Örebro: Örebro Universitet.

Carlsson, R. & Nilholm, C. (2004). Demokrati och inkludering. En begreppsdiskussion. *Utbildning & demokrati* 13 (2), s. 77–95.

Carrington, S. (2006). Inclusive school community. Why is it so complex? *International Journal of Inclusive Education* 10 (4–5), s. 323–334.

Clark, C., Dyson, A., & Millward, A. (red.) (1998). Theorising special education? Time to move on? I: Clark, C., Dyson, A. & Millward, A. (red.). *Theorising special education*. s. 156–173. London: Routledge.

Cole, B.A. (2005). Mission impossible? Special educational needs, inclusion and the re-conceptualization of the role of the SENCO in England and Wales. *European Journal of Special Needs Education* 20 (3), 287–307.

Conolley, S. & Haustätter, R.S. (2009). Tocqueville on democracy and inclusive education. A more ardent and enduring love of equality than of liberty. *European Journal of Special Needs Education* 24 (3), s. 231–243.

Conrad, P. (1975). The discovery of hyperkinesis. Notes on the medicalization of deviant behavior. *Social Problems* 23 (1), s. 12–21.

Darling-Hammond, L. (2007). Race, inequality and educational accountability. The irony of 'No Child Left Behind'. *Race, Ethnicity and Education 10*, s. 245–260.

Dewey, J. (1916/2000). *Demokrati och utbildning.* Göteborg: Daidalos.

Dyson, A. & Millward, A. (2000). *Schools and special needs. Issues of innovation and inclusion.* London: Sage.

Ebersold, S. & Evans, P. (2008). A supply-side approach for a resource-based classification system. I: Florian, L. & McLaughlin, M. J. (red.). *Disability classification in education.* Thousand Oaks, Ca: Corwin Press.

Educare. (2009). Temanummer: *Att infånga praxis. Kvalitativa metoder i (special) pedagogisk forskning i Norden.* Nr 4.

Egelund, N., Haug, P. & Persson, B. (2006). *Inkluderande pedagogik i ett skandinaviskt perspektiv.* Nacka: Liber.

Eggertsdóttir, R. & Marinósson, G. (red.) (2005). *Pathways to inclusion. A guide to staff development.* University of Iceland Press. Reykjavík.

Eidevall, C. (2009). *Det finns inga tjejbestämmare. Att förstå kön som position i förskolans vardagsrutiner och lek.* Dissertation Series No. 8. School of Education and Communication. Jönköping University.

Ekhom, M. & Lindvall, K. (2008). Skolinspektioner i tid och otid. *Pedagogisk Forskning i Sverige* 13(1), s. 42–58.

Ekström, P. (2004). *Makten att definiera. En studie av hur beslutsfattare formulerar villkor för specialpedagogisk verksamhet.* Göteborg Studies in Educational Sciences, 209. Göteborg: Acta Universitatis Gothoburgensis. (Avhandling)

Emanuelsson, I. & Persson, B. (2002). Differentiering, specialpedagogik och likvärdighet. En longitudinell studie av skolkarriärer bland elever i svårigheter. *Pedagogisk Forskning i Sverige* 7, 3, s. 183–199.

Emanuelson, I., Persson, B. & Rosenqvist, J. (2001). *Forskning inom det specialpedagogiska området. En kunskapsöversikt.* Stockholm: Liber. Skolverkets monografiserie.

Englund, T. (1993). *Utbildning som "public good" eller "private good". En svensk skola i omvandling?* Pedagogisk forskning i Uppsala, 108.

Englund, T. (2003). Skolan och demokratin. På väg mot en skola för deliberativa samtal? I: Jonsson, B. & Roth, K. (red.). *Demokrati och lärande. Om valfrihet, gemenskap och övervägande i skola och samhälle.* s. 49–73. Lund: Studentlitteratur.

Englund, T. (2006). Inledning till Temanummer: Pedagogisk filosofi, etik och politik. *Utbildning & demokrati* 15 (1), s. 5–11.

Englund, T. (red.). (2007). *Utbildning som kommunikation. Deliberativa samtal som möjlighet.* Göteborg: Daidalos.

Eriksson Gustavsson, A-L. & Samuelsson, J. (2011). Att lära sig. Hur kan det gå till? I: Eriksson Gustavsson, A-L., Göransson, K. & Nilholm, C. (red.). *Specialpedagogisk verksamhet i grundskolan.* Lund: Studentlitteratur.

Eriksson Gustavsson, A-L., Göransson, K. & Nilholm, C. (2011a). Inledning. I: Eriksson Gustavsson, A-L., Göransson, K. & Nilholm, C. (red.). *Specialpedagogisk verksamhet i grundskolan.* Lund: Studentlitteratur.

Eriksson Gustavsson, A-L., Göransson, K. & Nilholm, C. (2011b). *Specialpedagogisk verksamhet i grundskolan.* Lund: Studentlitteratur.

Erikson, L. (2009). *Lärares kontakter och samverkan med föräldrar.* Rapporter i Pedagogik, Örebro Universitet, 14. Örebro: Örebro Universitet.

Evaldsson, A-C. & Nilholm, C. (2009). Evidensbaserat skolarbete och demokrati. Mobbning som exempel. *Pedagogisk Forskning i Sverige 14*, s. 65–82.

Fischbein, S. & Österberg, O. (2003). *Mötet med alla barn. Ett specialpedagogiskt perspektiv.* Stockholm: Gothia.

Fischbein, S. (2007). Specialpedagogik i ett historiskt perspektiv. I: Nilholm, C. & Björck-Åkesson, E. (red.) *Reflektioner kring specialpedagogik. Sex professorer om forskningsområdet och forskningsfronterna.* Vetenskapsrådets rapportserie 5:2007.

Flem, A., Moen, T. & Gudmundsdottir, S. (2004). Towards inclusive schools. A study of inclusive education in practice. *European Journal of Special Needs Education 19* (1), s. 85–98.

Florian, L. (2008). Special or inclusive education; future trends. *British Journal of Special Education 35* (4), s. 202–208.

Florian, L. & Rouse, M. (2009). The inclusive practice project in Scotland. Teacher education for inclusive education. *Teaching and Teacher Education, 25*, s. 594–601.

Forbes, J. (2009). Redesigning children's services. Mapping interprofessional social capital. *Journal of Research in Special Educational Needs 9* (2), s. 122–132.

Forness, S. (2001). Special education and related services. What have we learned from meta-analysis? *Exceptionality 9* (4), s. 185–197.

Fraser, N. (2003). *Den radikala fantasin. Mellan omfördelning och erkännande.* Göteborg: Daidalos.

Frelin, A. (2010). *Teacher's relational practices and professionality.* Uppsala: Institutionen för didaktik, Uppsala universitet. (Avhandling)

Frithiof, E. (2007). *Mening, makt och utbildning. Delaktighetens villkor för personer med utvecklingsstörning.* Växjö universitet. (Avhandling)

Fritzell, C. (2009). Generaliserbarhet och giltighet i pedagogisk forskning och teoribildning. *Pedagogisk Forskning i Sverige*, 14 (3), s. 191–211.

Furenhed, R. (2010). *Livet – det bästa man har. Samtal med ungdomar i särskolan om livsfrågor.* Stockholm: Carlssons.

Garfinkel, H. (1967). *Studies in ethnomethology.* Englewood Cliffs, NJ: Prentice-Hall.

Goodman, G. (2006). Preparing teachers for culturally and cognitively diverse classrooms. What would Dewey say? *Teacher Education and Practice* 19 (4), s. 513–534.

Groth, D. (2007). *Uppfattningar om specialpedagogiska insatser. Aspekter ur elevers och speciallärares perspektiv.* Luleå: Luleå tekniska universitet. (Avhandling)

Gunnarsson, B. (1999). *Lärandets ekologi.* Lund: Studentlitteratur.

Gustavsson, B. (2002). *Vad är kunskap? En diskussion om praktisk och teoretisk kunskap.* Stockholm: Myndigheten för skolutveckling.

Gustavssson, B. (2004). *Kunskapsfilosofi. Tre kunskapsformer i historisk belysning.* Stockholm: Wahlström & Widstrand.

Gustavsson, B. (2009). *Utbildningens förändrade villkor. Nya perspektiv på kunskap, bildning och demokrati.* Stockholm: Liber.

Göransson, K. (2011). Skolutveckling som förebyggande arbete. I: Eriksson Gustavsson, A-L., Göransson, K. & Nilholm, C. (red.). *Specialpedagogisk verksamhet i grundskolan.* Lund: Studentlitteratur.

Göransson, K., Magnusson, G. & Nilholm, C. (inskickat manuskript). *Challenging traditions? Pupils in need of special support in Swedish independent schools.*

Göransson, K., Nilholm, C. & Karlsson, K. (2011). Inclusive education in Sweden. A critical analysis. *International Journal of Inclusive Education*, 15 (5), 541–555.

Hacking, I. (1999). *The social construction of what?* Harvard: Harvard University Press.

Hargreaves, L., Cunningham, M., Everton, T., Hansen, A., Hopper, B., McIntyre, D., Oliver, C., Pell, T., Rouse, M. & Turner, P. (2007). *The status of teachers and the teaching profession in England. Views from inside and outside the profession.* DfES. research report RR831 B. 2007. www.dfes.go.uk/research

Hattie, J. (2009). *Visible learning. A synthesis of over 800 meta-analyses relating to achievement.* London: Routledge.

Haug, P. (1998). *Pedagogiskt dilemma: Specialundervisning.* Stockholm: Skolverket.

Haug, P. (1999). Formulation and realization of social justice. The compulsory school for all in Sweden and Norway. *European Journal of Special Needs Education* 4, s. 231–239.

Hautaniemi, B. (2004). *Känslornas betydelse i funktionshindrade barns livsvärld.* Pedagogiska institutionen, Stockholms universitet. (Avhandling)

Heimdahl Mattson, E. (2006). *Mot en inkluderande skola? Skolledares syn på specialpedagogiska insatser. En jämförande studie 1996 och 2006.* Stockholm: Lärarhögskolan i Stockholm och Specialpedagogiska Institutet.

Hellberg, K. (2007). *Elever på ett anpassat individuellt gymnasieprogram. Skolvardag och vändpunkter.* Linköping: Institutionen för beteendevetenskap & lärande och Nationella forskarskolan i pedagogiskt arbete, Linköpings universitet. (Avhandling)

Hellblom-Thibblin, C. (2004). *Kategorisering av barns "problem" i skolans värld. En undersökning av skolhälsovårdsrapporter läsåren 1944/45–1988/89.* Utbildningsvetenskapliga fakulteten, Uppsala universitet. (Avhandling)

Helldin, R. (1997). *Specialpedagogisk kunskap som ett socialt problem.* Stockholm: HLS. Förlag.

Helldin, R. & Sivertun, U. (2004). Specialpedagogikens normativa betingelser. I: *Utbildning & demokrati* 13 (2), s. 45–76.

Henriksson, C. (2004). *Living away from blessing. School failure as lived experience.* Acta Wexionensia, School of Education, 48. Växjö: Växjö University Press. (Avhandling)

Hirsh, Å. (2011). A tool for learning? – An analysis of targets and strategies in Swedish individual educational plans. *Nordic Studies in Education 31* (1), s. 14–29.

Hjörne, E. (2004). *Excluding for inclusion? Negotiating school careers and identities in pupil welfare settings in the Swedish school.* Göteborg Studies in Educational Sciences, 213. Göteborg: Acta Universitatis Gothoburgensis. (Avhandling)

Hjörne, E. & Säljö, R. (2008). *Att platsa i en skola för alla.* Stockholm: Liber.

Holmberg, L., Jönsson, A. & Tvingstedt, A-L. (2005). Specialpedagogik i två skolkulturer. Elever, föräldrar och lärare berättar. *Educare* 1. Malmö: Lärarutbildningen, Malmö högskola.

Hugo, M. (2007). *Liv och lärande i gymnasieskolan. En studie om elevers och lärares erfarenheter i en liten grupp på gymnasieskolans individuella program.* School of Education and Communication, Jönköping University. Dissertation No 2. Jönköping: Jönköping University Press. (Avhandling)

Hultin, E. (2003). Recensionsessä: En vandring i det svenskämnesdidaktiska fältet. *Utbildning & demokrati* 12 (2), s.119–137.

Härnqvist, K. (1958). *Beräkning av reserver för högre utbildning.* Sou 1958:11. Stockholm: Ecklesiastikdepartementet.

Högskoleverket (2006). *Utvärdering av specialpedagogiska programmet vid svenska universitet och högskolor.* (Rapport 2006:10). Stockholm: Högskoleverket.

Ingestad, G. (2006). *Dokumenterat utanförskap. Om skolbarn som inte når målen.* Lund Dissertations in Sociology, 72. Lund: Sociologiska institutionen, Lunds universitet.

Isaksson, J., Lindqvist, R. & Bergström, E. (2007). School problems or individual shortcomings? A study of individual educational plans in Sweden. *European Journal of Special Needs Education* 22 (1), s. 75–91.

Jakobsson, I-L. (2002). *Diagnos i skolan. En studie av skolsituationer för elever med syndromdiagnos.* Göteborg Studies in Educational Sciences 185. Göteborg: Acta universitatis Gothoburgensis. (Avhandling)

Jerlinder, K., Danermark, B. & Gill, P. (2010). Swedish primary-school teacher's attitudes to inclusion. The case of PE and pupils with physical disabilities. *European Journal of Special Needs Education* 25 (1), s. 45–57.

Johannisson, K. (2006). Hur skapas en diagnos? Ett historiskt perspektiv. I: Hallerstedt, G. (red.). *Diagnosens makt. Om kunskap, pengar och lidande.* Göteborg: Daidalos.

Johansson, M. (2009). *Anpassning och motstånd. En etnografisk studie av gymnasieelevers institutionella identitetsskapande.* Göteborg studies in educational sciences, 281. Göteborg: Acta Universitatis Gothoburgensis.

Jönsson, A. (2010). *Vi var Rosengårds problemelever. Hur gick det sen?* Lund: Studentlitteratur.

Karlsson, Y. (2007). *Att inte vilja vara problem. Social organisering och utvärdering av elever i en särskild undervisningsgrupp.* Linköping Studies in Pedagogic Practices No. 6. Linköpings universitet. (Avhandling)

Kelchtermans, G. (2007). Macropolitics caught up in micropolitics: the case of the policy on quality control in Flanders (Belgium). *Journal of Education Policy* 22, s. 471–491.

Kroksmark, T. (1997). *Didaktiska strövtåg. Didaktiska idéer från Comenius till fenomenografisk didaktik.* Göteborg: Daidalos.

Kullberg, A. (2010). *What is taught and what is learned. Professional insight gained and shared by teachers of mathematics.* Göteborg Studies in Educational Sciences, 293. Göteborg: Acta Universitatis Gothoburgensis. (Avhandling)

Lang, L. (2004). *Och den ljusnande framtid är vår. Några ungdomars bild av sin tid vid riksgymnasium.* Malmö studies in educational sciences nr 9. Lärarutbildningen, Malmö högskola. (Avhandling)

Larsson Abbad, G. (2007). *"Aspergern, det är jag". En intervjustudie om att leva med Asbergers syndrome.* Studies from the Swedish Institute for Disability Research, 22. Linköping: Institutionen för beteendevetenskap och lärande, Linköpings universitet. (Avhandling)

Larsson, H. (2008). *"Dom är så oroliga". En studie av skolpersonals tal om elever i relationssvårigheter.* Licentiatavhandlingar vid Pedagogiska institutionen, 4. Örebro: Örebro Universitet.

Lave, J. & Wenger, E. (1991). *Situated learning. Legitimate peripheral participation.* Cambridge: University of Cambridge.

Liberg, C. (2006). Hur barn lär sig läsa och skriva. Lund: Studentlitteratur.

Liljegren, B. (2001). *Samspel för förändring. En konsultationsmodell för arbete med elever i svårigheter.* Lund: Sociologiska institutionen, Lunds universitet. (Avhandling)

Lindensjö, B. och Lundgren, U. (2000). *Utbildningsreformer och politisk styrning.* Stockholm: HLS förlag.

Lindqvist, G., Nilholm, C., Almqvist, L. & Wetso, G-M. (2011). Different agendas? The view of different occupational groups on special needs education. *European Journal of Special Needs Education,* 26 (2), 143–157.

Lindqvist, G. & Nilholm, C. (under utgivning). Making schools inclusive? Educational leaders view on how to work with children in need of special support. *International Journal of Inclusive Education.*

Linell, P. (1982). *Modeller och metaforer för kommunikation.* SIC nr 1. Linköping: Institutionen för Tema Kommunikation, Linköpings Universitet.

Ljungberg, T. (2008). *AD/HD i nytt ljus.* Nyköping: Exiris.

Ljusberg, A-L. (2009). *Pupils in remedial classes.* Stockholm: Institutionen för barn och ungdomsvetenskap, Stockholms universitet. (Avhandling)

Lloyd, C. (2008). Removing barriers to achievement: a strategy for inclusion or exclusion? *International Journal of Inclusive Education* 12 (2), s. 221–226.

Lundberg, I. (2007). *Bornholmsmodellen: vägen till läsning. Språklekar i förskoleklass.* Stockholm: Natur och Kultur.

Lundgren, M. (2006). *Från barn till elev i riskzon. En analys av skolan som kategoriseringsarena.* (Acta Wexionensia, 98). Växjö: Växjö University Press. (Avhandling)

Lundgren, M. & Persson, B. (2003). *Barn och unga i riskzonen. Samverkan och förebyggande arbete.* Stockholm: Svenska kommunförbundet.

Lutz, K. (2009). *Kategoriseringar av barn i förskoleåldern. Styrning & administrativa processer.* Malmö Studies in Educational Scienses No. 44. Lund: Lärarutbildningen, Malmö högskola. (Avhandling)

Läroplan för det obligatoriska skolväsendet, förskoleklassen och fritidshemmet (1994). Stockholm: Fritzes.

Läroplan för grundskolan, förskoleklassen och fritidshemmet (2011). Stockholm: Fritzes.

Läroplan för grundsärskolan (2011). Stockholm: Fritzes.

Läroplan för de frivilliga skolformerna (1994). Stockholm: Fritzes.

Läroplan för sameskolan samt för förskoleklassen och fritidshemmet i vissa fall (2011). Stockholm: Fritzes.

Läroplan för specialskolan samt för förskoleklassen och fritidshemmet i vissa fall (2011). Stockholm: Fritzes.

Löfqvist, S. (1998). *Den bångstyriga verkligheten. Har det svenska systemskiftet haft någon betydelse för arbetet med elever i behov av särskilt stöd?* Umeå: Statsvetenskapliga insitutionen, Umeå Universitet. (Avhandling)

Löwing, M. (2006). *Matematikundervisningens dilemman – Hur lärare kan hantera lärandets komplexitet.* Lund: Studentlitteratur.

Malmgren Hansen, A. (2002). *Specialpedagoger. Nybyggare i skolan.* Studies in Educational Sciences, 56. Stockholm: Lärarhögskolan i Stockholm. (Avhandling)

Malmqvist, J. (2001). *Lärande med rörelsehinder. Studier av förutsättningar och möjligheter för kunskapsutveckling i skolan.* Rapport 2001:06. Göteborg: Institutionen för pedagogik och didaktik, Göteborgs universitet. (Avhandling)

Marton, F., Runesson,. U. & Tsui, A.B.M. (2004). The space of learning. I: Marton, F. & Tsui, A.B.M,. et al. *Classroom discourse and the space of learning.* Mahwah, NJ: Lawrence Erlbaum.

McKinsey & Company (2007). *How the world's best-performing school system come out on top.* Stockholm: McKinsey & Company Inc. McKinsey.

McLeskey, J. & Waldron, N.L. (2007). Making differences ordinary in inclusive classrooms. *Intervention in School and Clinic* 42 (3), s. 162–168.

Mitchell, D. (2008). *What really works in inclusive and special education. Using evidence-based teaching strategies.* New York: Routledge.

Mouffe, C. (2005). *On the political.* London: Routledge.

Möllås, G. (2009. *"Detta ideliga mötande". En studie av hur kommunikation och samspel konstituerar gymnasieelevers skolpraktik.* Dissertation Series No. 8. School of Education and Communication. Jönköping University.

Nilholm, C. (2003). *Perspektiv på specialpedagogik*. Lund: Studentlitteratur. (1:a upplagan)

Nilholm, C. (2005). Specialpedagogik. Vilka är de grundläggande perspektiven? *Pedagogisk Forskning i Sverige* 10 (2), s. 124–138.

Nilholm, C. (2006a). *Inkludering av elever i behov av särskilt stöd. Vad betyder det och vad vet vi?* Forskning i fokus, nr 28. Myndigheten för skolutveckling.

Nilholm, C. (2006b). Special education, inclusion and democracy. *European Journal of Special Needs Education* 21 (4), s. 431–445.

Nilholm, C. (2007a). *Perspektiv på specialpedagogik*. Lund: Studentlitteratur. (2:a upplagan)

Nilholm, C. (2007b). Power and perspectives. An investigation into international research covering special educational needs. *International Journal of Special Education* 22, s. 62–71.

Nilholm, C. (2009). Demokratiska aspekter på specialpedagogik. *KRUT*, nr 4, s. 50–61.

Nilholm, C. (2010). Förenklat resonemang om skola och vetenskap. Göteborgsposten. www.gp.se/nyheter/debatt/1.329399-forenklat-om-skola-och-vetenskap (publicerat 12 mars)

Nilholm, C. & Alm, B. (2010). An inclusive classroom? On inclusiveness, teacher strategies, and childen's experiences. *European Journal of Special Needs Education* 23 (3), s. 239–252.

Nilholm, C. & Alm, B. (2011). "Lärarna är också snälla, dom gör så gott dom kan" I: Eriksson Gustavsson, A-L., Göransson, K. & Nilholm, C. (red.). *Specialpedagogisk verksamhet i grundskolan*. Lund: Studentlitteratur.

Nilholm, C. & Björck-Åkesson, E. (red.) (2007). *Reflektioner kring specialpedagogik. Sex professorer om forskningsområdet och forskningsfronterna*. Stockholm: Vetenskapsrådets rapportserie 5:2007.

Nilholm, C., Almqvist, L., Göransson, K. & Lindqvist, G. (inskickat manuskript a). *Who is responsible? Explanations of school problems.*

Nilholm, C., Almqvist, L., Göransson, K. & Lindqvist, G. (inskickat manuskript b). *Is it possible to get away from disability-based classifications? An empirical investigation of the Swedish system.*

Nilholm, C., Persson, B., Hjerm, M. & Runesson, S. (2007). *Kommuners arbete med elever i behov av särskilt stöd. En enkätundersökning.* Jönköping: Högskolan i Jönköping.

Nordenbo, S.E., Sogaard Larsen, M., Tiftikci, N., Wendt, R.E. & Ostergaard, S. (2008). *Laererkompetanser og elevers laering i barnehage og skole. Et systematiskt review utfort for Kunnskapsdepartementet.* Oslo, Köpenhamn: Danmarks Paedagogiske Universitetsforlag.

Norwich, B. (2008). Perspectives and purposes of disability classification systems. Implications for teachers and curriculum and pedagogy. I: Florian, L. & McLaughlin, M. J. (red.). *Disability classification in education*. Thousand Oaks, Ca: Corwin Press.
Oliver, M. (1990). *The politics of disablement*. London: McMillan.
Paulsson, K., Magnusson, B., Stenberg, L. & Ghomri, K. (2010). *"Visst har jag rätt att ...". En handbok om rättigheter i skolan för elever med funktionsnedsättning*. Växjö: Unga RBU-are.
Pearson, S. (2008). Deafened by silence or by the sound of footsteps? An investigation of the recruitment, induction and retention of special educational needs coordinators (SENCOs) in England. *Journal of Research in Special Educational Needs 8*(2), s. 96–110.
Pedagogisk Forskning i Sverige (2009). Tema: *Fenomenografi om språkanvänding*. Nr 4, årgång 14.
Persson, B. (1998a). *Den motsägelsefulla specialpedagogiken. Motiveringar, genomförande, konsekvenser*. Specialpedagogiska rapporter nr 10. Göteborg: Institutionen för specialpedagogik, Göteborgs universitet.
Persson, B. (1998b). *Specialundervisning och differentiering. En studie av grundskolans användning av specialpedagogiska resurser*. Specialpedagogiska rapporter nr 10. Göteborg: Institutionen för specialpedagogik, Göteborgs universitet.
Persson, B. (1998c). Who needs special education? *International Journal of Educational Research* 29, s. 107–117.
Persson, B. (2007). Svensk specialpedagogik vid vägskäl eller vägs ände? I: Björck-Åkesson, E. & Nilholm, C. (red.) (2007). *Reflektioner kring specialpedagogik. Sex professorer om forskningsområdet och forskningsfronterna*. s. 52–65. Stockholm: Vetenskapsrådets rapportserie 5:2007.
Pless, M. & Granlund, M. (2011). *Handbok i att använda ICF och ICF-CY*. Lund: Studentlitteratur.
Premfors, R. & Roth, K. (red.) (2004). *Deliberativ demokrati*. Lund: Studentlitteratur.
Robertsson Hörberg, C. (1997). *Lärares kunskapsutveckling i praktiken. Ett personligt och kontextuellt perspektiv på vardagskunskap och forskning*. LiU, IPP, No 53. Linköping: Linköpings Universitet. (Avhandling)
Rorty, R. (1997). *Kontingens, ironi och solidaritet*. Lund: Studentlitteratur.
Rosenqvist, J. (2007). Landvinningar på väg mot en skola för alla. *Pedagogisk Forskning i Sverige, 12* (2), s. 109–118.

Runesson, U. (2006). What is possible to learn? On variation as a necessary condition for learning. *Scandinavian Journal of Educational Research* 50 (4), s. 397–410.

Runesson, U. (2008). Learning to design for learning. The potential of learning study to enhance learning on two levels: Teacher's and students' learning. I: Wood, T. (Series Ed.) & Sullivan, P. (Vol. Ed.). *International handbook of mathematics teacher education: /Vol.1. Knowledge and beliefs in mathematics teaching and teaching development.* s. 153–172. Rotterdam, Nederländerna: Sense Publishers.

Sahlin, B. (2004). *Utmaning och omtanke. En analys av handledning som en utvidgad specialpedagogisk funktion i skolan med utgångspunkt i tio pionjärers berättelser.* Stockholm: HLS. Förlag. (Avhandling)

Sandberg, A. (red.) (2009). *Med sikte på förskolan. Barn i behov av stöd.* Lund: Studentlitteratur.

Sandén, I. (2000). *Skoldaghem. Ett alternativ för elever i behov av särskilt stöd.* Studia Psychologica et Paedagogica. 151. Malmö: Institutionen för pedagogik, Lärarhögskolan. (Avhandling)

Schullerqvist, B. & Osbeck, C. (red.) (2009). *Ämnesdidaktiska insikter och strategier.* Studier i de samhällsvetenskapliga ämnenas didaktik. Karlstad: Karlstad University Press.

Segolsson, M. (2011). *Lärandets hermeneutik. Tolkningens och dialogens betydelse för lärandet med bildningstanken som utgångspunkt.* School of Education and Communication, Jönköping University, Dissertation Series No 10. Jönköping: Högskolan för lärande och kommunikation, Högskolan i Jönköping

Sernehed, O. (2009). Territoriell stigmatisering, ungas informella lärande och skolan i det postindustriella samhället. *Utbildning & demokrati* 18 (1), s. 7–32.

SFS 1985:100. *Skollagen.*

SFS 2006:1053. Svensk författningssamling. *Examensförordning för specialpedagogexamen.* Stockholm: Utbildningsdepartementet.

SFS 2008:132. Svensk författningssamling. *Examensförordning för speciallärarexamen.* Stockholm: Utbildningsdepartementet.

SFS 2010:800. *Skollagen.*

Simeonsson, R., Simeonsson, N. & Hollenweger, J. (2008). International classification of functioning, disability and health. A common language for special education. I: Florian, L. & McLaughlin, M. J. (red.) *Disability classification in education.* Thousand Oaks, Ca: Corwin Press.

Sivertun, U. (2006). *(Special)pedagogik och social utslagning.* Stockholm: HLS Förlag. (Avhandling)

Skidmore, D. (1996). Towards an integrated theoretical framework for research into Special Educational Needs. *European Journal of Special Needs Education 11* (1), s. 33–47.

Skolverket (2003). *Kartläggning av åtgärdsprogram och särskilt stöd i grundskolan.* Stockholm: Skolverket.

Skolverket. (2006). *På andras villkor. Skolans möte med elever med funktionshinder.* Stockholm: Skolverket.

Skolverket (2008a). *Särskilt stöd i grundskolan. En sammanställning av senare års forskning och utvärdering.* Stockholm: Skolverket.

Skolverket (2008b). *Allmänna råd för arbete med åtgärdsprogram.* Stockholm: Skolverket.

Skolverket (2009a). *Skolan och Aspergers syndrom.* Stockholm: Skolverket.

Skolverket (2009b). *Vad påverkar resultaten i svensk grundskola? Kunskapsöversikt om betydelsen av olika faktorer.* Stockholm: Skolverket.

Skolverket (2009c). *Resursfördelning utifrån förutsättningar och behov?* Stockholm: Skolverket.

Skolverket. (2010). *Skolor som politiska arenor. Medborgarkompetens och kontroversshantering.* Stockholm: Skolverket.

Skrtic, T. (1991). *Behind special education.* Denver: Love Publishing Company.

Skrtic, T. (1995). *Disability and democracy. Reconstructing (special)education for postmodernity.* New York: Teachers College Press.

Slavin, R.E. (1996). *Education for all. Contexts of learning.* Lisse, France: Swets and Keitlinger.

Socialstyrelsen (2002). *ADHD hos barn och vuxna.* Stockholm: Socialstyrelsen.

Soodak, L.C. (2003). Classroom management in inclusive settings. *Theory into Practice 42* (4), s. 327–333.

SOU 1974:53. *Utredningen om skolans inre arbete.* Stockholm: Utbildningsdepartementet.

SOU 1999:63. *Att lära och leda. En lärarutbildning för samverkan och utveckling.* Stockholm: Utbildningsdepartementet.

Stevenson, H.W. & Stigler, J. (1992). *The learning gap. Why our schools are failing and what we can learn from Japanese and Chinese education.* New York: Summit Books.

Stukát, K.G. (2005). *Såsom i en spegel. Specialpedagogisk utveckling under 80 år reflekterad i Nordisk tidskrift för specialpedagogik och dess föregångare Hjälpskolan-Saerskolen-Vaerneskolen.* Rapport utgiven av Nordiska Förbundet för Specialpedagogik.

Swärd, A-K. (2008). *Att säkerställa skriftspråklighet genom medveten arrangering. Wittingmetodens tillämpning i några olika lärandemiljöer.* Stockholm: Specialpedagogiska institutionen, Stockholms Universitet. (Doktorsavhandling)

Szwed, C. (2007a). Remodelling policy and practice. The challenge for staff working with children with special educational needs. *Educational Review* 60 (2), s. 147–160.

Szwed, C. (2007b). Managing from the middle? Tensions and dilemmas in the role of the primary school special educational needs coordinator. *School Leadership and Management 27* (5), s. 437–451.

Szőnyi, K. (2005). *Särskolan som möjlighet och begränsning. Elevperspektiv på delaktighet och utanförskap.* Doktorsavhandlingar från Pedagogiska Institutionen, 132. Stockholm: Pedagogiska Institutionen, Stockholms universitet.

Säfström, C-A. (2005). *Skillnadens pedagogik. Nya vägar inom den pedagogiska teorin.* Lund: Studentlitteratur.

Säfström, C-A. (2006). Recensionsessä: Demokratins antagonistiska pluralism: Chantal Mouffe om det politiska. *Utbildning & demokrati 15* (1), s. 101–108.

Säfström, C-A. (2007). Recensionsessä: Att erövra sin frihet: Vilja, uppmärksamhet och arbete. En läsning av Jaques Rancieres The Ignorant Schoolmaster. *Utbildning & demokrati 16* (3), s. 101–106.

Säljö,R. (2000). *Lärande i praktiken. Ett sociokulturellt perspektiv.* Stockholm: Prisma.

Tetler, S. (2000). *Den inkluderande skole. Fra vision till virkelighed.* Köpenhamn: Gyldendal.

Thomas, G. & Loxley, A. (2001). *Deconstructing special education and constructing inclusion.* Baltimore: Open University Press.

Tideman, M., Rosenqvist, J., Lansheim, B., Ranagården, L. & Jacobsson, K. (2005). *Den stora utmaningen. Om att se olikhet som resurs i skolan.* Högskolan i Halmstad och Malmö Högskola.

Unesco (1994). *The Salamanca statement and framework for action. On special needs education.* Paris: Unesco.

Utbilding & Demokrati. (2006). Temanummer. *Pedagogisk filosofi, etik och politik.* 15 (1).

Utbildning & demokrati (2010). Temanummer. *Förorten och skolan. 19* (1).

Vellutino, F.R., Fletcher, J.M, Snowling, M.J. & Scanlon, D.M. (2004) Specific reading disability (dyslexia). What have we learned in the past four decades? *Journal of Child Psychology and Psychiatry* 45 (1), s. 2–40.

Wertsch, J. (1985). *Vygotsky and the social formation of mind.* Cambridge, Ma: Harvard University Press.

Westling Allodi, M. (2002). *Support and resistance.* Institutionen för individ, omvärld och samhälle. Lärarhögskolan i Stockholm. (Avhandling)

Wetso, G-M. (2006). *Lekprocessen – specialpedagogisk intervention i (för)skola. När aktivt handlande stimulerar lärande, social integration och reducerar utslagning.* Stockholm: LHS. förlag. (Avhandling)

Wetson, G-M. (2010). Pojken med tidningarna. I: Eriksson-Gustavsson, A-L., Göransson, K. & Nilholm, C. (red.). *Specialpedagogisk verksamhet i grundskolan.* Lund: Studentlitteratur.

Willis, P. (1983). *Fostran till lönearbete.* Göteborg: Röda Bokförlaget.

Von Wright, M. (2005). Skillnadens pedagogik och den utbildningspolitiska betydelsen av ansvaret för den andre. *Pedagogisk Forskning i Sverige 10* (2), s. 155–157. (Recension).

Zetterqvist Nelson, K. (2000). *På tal om dyslexi. En studie av hur barn, föräldrar och lärare berättar om och ger betydelse åt diagnoser som dyslexi och specifika läs- och skrivsvårigheter.* Linköpings Studies in Arts and Science, 209. Linköping: Tema Barn, Linköpings universitet. (Avhandling)

Åman, K. (2006). *Ögonblickets pedagogik. Yrkesgrupper i samtal om specialpedagogisk kompetens vid barn- och ungdomshabiliteringen.* Doktorsavhandlingar från Pedagogiska institutionen, 135. Stockholm: Pedagogiska institutionen, Stockholms universitet.

